U0182196

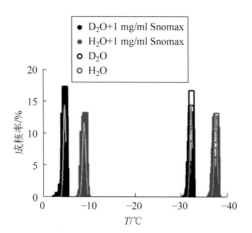

图 1-5　加入细菌前、后的水 H_2O 和重水 D_2O 的成核率[53]

〔Reprinted with permission from Weng L, et al. Bacterial ice nucleation in monodisperse D_2O and H_2O-in-oil emulsions[J]. Langmuir, 2016, 32(36)：9229-9236. Copyright 2016 American Chemical Society〕

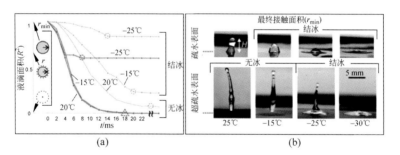

(a) (b)

图 1-6　超疏水表面减缓结冰的发生[109]

〔Reprinted with permission from Mishchenko L, et al. Design of ice-free nanostructured surfaces based on repulsion of impacting water droplets[J]. ACS Nano, 2010, 4(12)：7699-7707. Copyright 2010 American Chemical Society〕

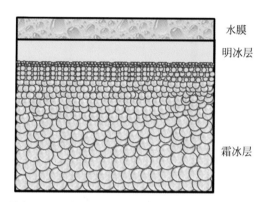

水膜

明冰层

霜冰层

图 1-7　单个微观过冷水滴碰撞结冰后集聚成宏观冰层的二维结构

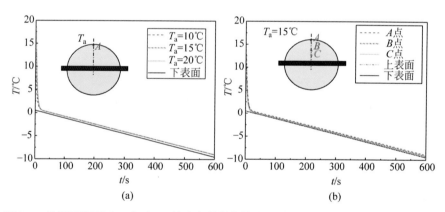

(a)　　　　　　　　　　(b)

图 2-9　铝板下表面以－1℃/min 的速率缓慢线性降温过程中的水滴和铝板的温度变化
（a）不同环境温度；（b）不同位置

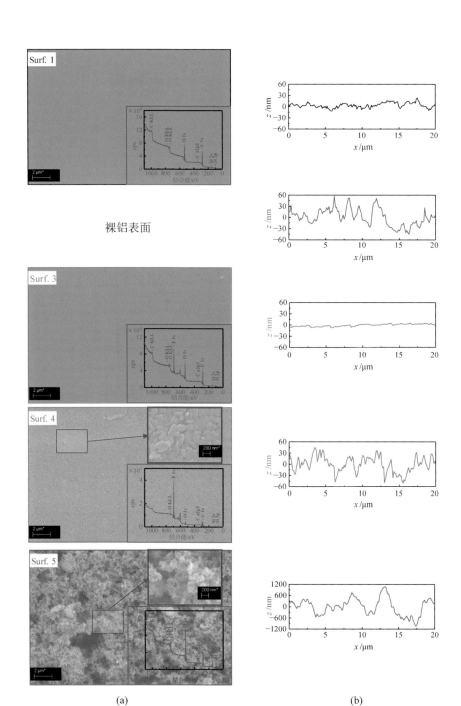

裸铝表面

(a)

(b)

图 2-10　表面微观结构、元素组成和表面粗糙度

（a）表面微观结构与元素组成；（b）表面粗糙度

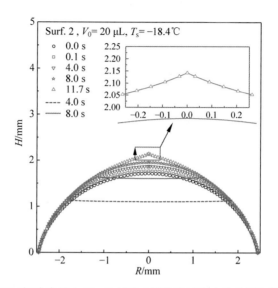

图 3-5 -18.4℃冷表面上 20 μL 过冷水滴结冰过程中的轮廓和相界面变化

亲水表面 Surf.2(39°/100°)

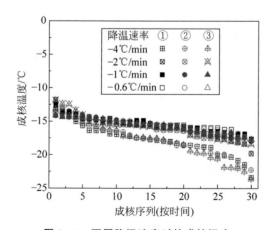

图 3-11 不同降温速率时的成核温度

①,②和③分别代表第 1 次,第 2 次和第 3 次实验

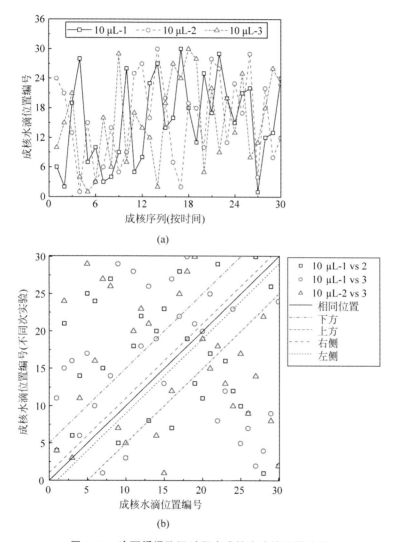

图 3-13　冷面缓慢降温过程中成核水滴的位置编号

（a）随成核序列（按时间排列）的变化；（b）不同次实验的位置编号相关性

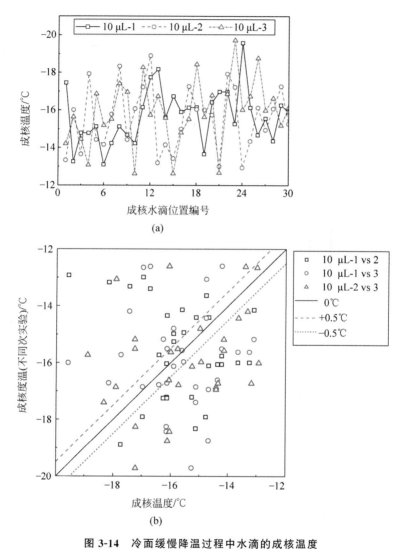

图 3-14　冷面缓慢降温过程中水滴的成核温度

（a）随水滴位置编号的变化；（b）不同次实验的成核温度相关性

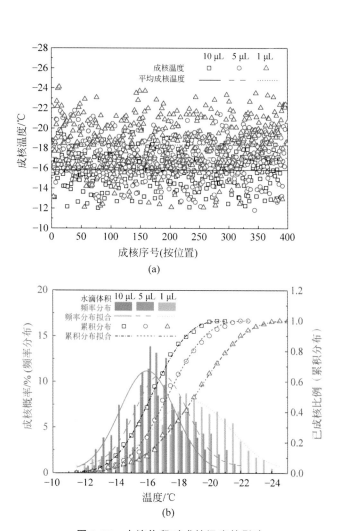

图 3-17　水滴体积对成核温度的影响

（a）成核温度；（b）概率分布与累积分布

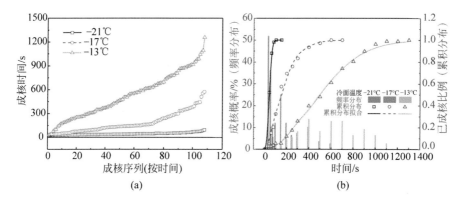

(a)　　　　　　　　　　　　　　　　　　　(b)

图 3-19　不同冷面温度下的成核时间

（a）成核时间；（b）概率分布与累积分布

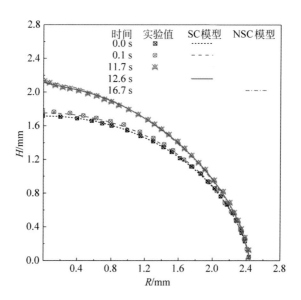

图 4-4　实验、SC 和 NSC 模型获得的水滴轮廓

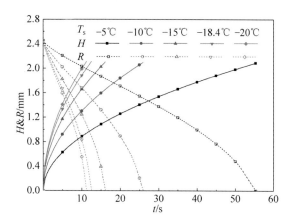

图 4-5 不同冷面温度下 20 μL 过冷水滴冻结阶段的三相线高度和半径变化

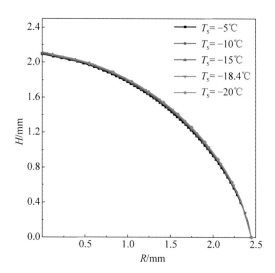

图 4-6 不同冷面温度下 SC 模型计算的水滴最终冻结轮廓

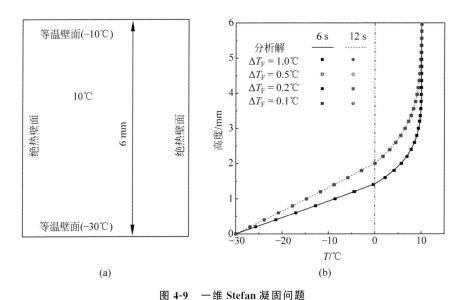

(a)

(b)

图 4-9 一维 Stefan 凝固问题

(a) 物理模型；(b) 不同相变温度区间下的温度曲线

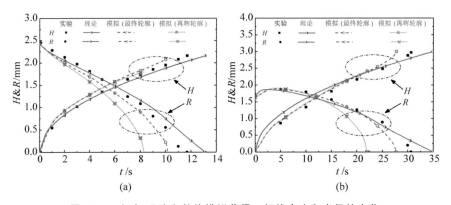

(a)

(b)

图 4-10 实验、理论和数值模拟获得三相线高度和半径的变化

(a) 亲水表面 Surf.2(39°/100°)，冷面温度−18.4℃；

(b) 疏水表面 Surf.4(88°/129°)，冷面温度−14.3℃

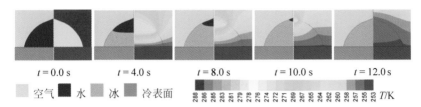

| $t=0.0$ s | $t=4.0$ s | $t=8.0$ s | $t=10.0$ s | $t=12.0$ s |

■ 空气 ■ 水 ■ 冰 ■ 冷表面

288 286 285 283 281 279 276 274 272 271 269 267 265 264 262 260 258 257 255 253 *T*/K

图 4-12　数值模拟获得的冻结阶段的相界面（左半部分）
和温度场（右半部分）变化

亲水表面 Surf.2(39°/100°)，冷面温度−18.4℃

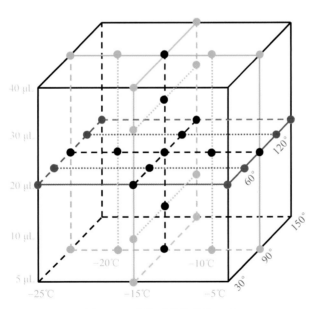

图 4-13　冻结时间的计算工况

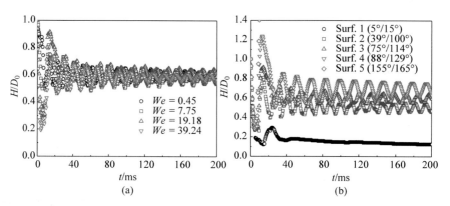

图 5-9 不同工况下水滴高度的振荡过程

(a) Surf. 3(75°/114°);(b) $We=19.18$

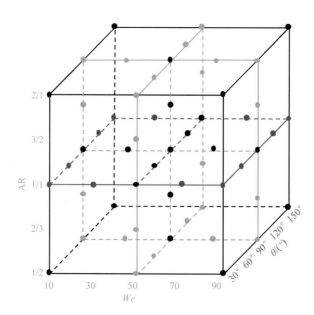

图 5-18 数值模拟的工况

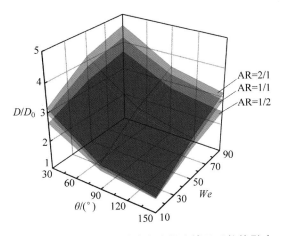

图 5-20　不同因素对椭球水滴最大铺展系数的影响

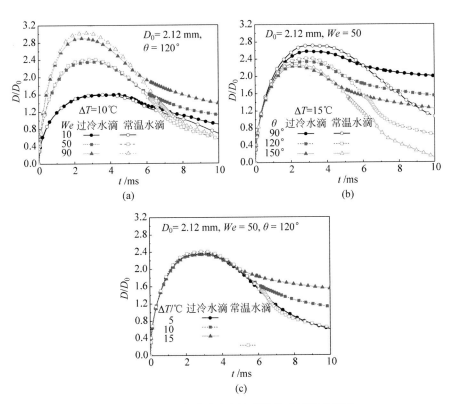

图 6-8　不同因素对过冷水滴碰撞结冰过程的影响

（a）We 数；（b）接触角；（c）过冷度

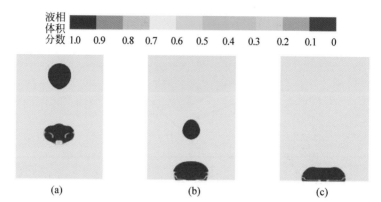

图 6-9   3 种典型的碰撞结冰的最终形态

$We=50, \theta=120°, t=20$ ms

（a）$\Delta T=5℃$，完全反弹；（b）$\Delta T=10℃$，部分反弹；（c）$\Delta T=15℃$，完全粘附

清华大学优秀博士学位论文丛书

过冷水滴的结冰与碰撞及其耦合特性研究

张旋（Zhang Xuan）著

Research on Freezing and Impacting Processes
of Supercooled Water Droplets
and Their Coupling Characteristics

清华大学出版社
北京

内 容 简 介

本书围绕过冷水滴的结冰与碰撞过程,开展了静置过冷水滴的成核与结冰研究,探讨了水滴初始形状对其碰撞动力学特性的影响,分析了过冷水滴碰撞与结冰的耦合机理;还分析了单个微观过冷水滴碰撞结冰现象与宏观积冰过程之间的联系,建立了变物性宏观积冰模型。

本书适合高校和科研院所工程热物理、流体力学等相关专业的师生及科研人员阅读。

图书在版编目(CIP)数据

过冷水滴的结冰与碰撞及其耦合特性研究/张旋著.—北京:清华大学出版社,2022.10
(清华大学优秀博士学位论文丛书)
ISBN 978-7-302-60655-0

Ⅰ. ①过… Ⅱ. ①张… Ⅲ. ①飞机-防冰系统-研究 Ⅳ. ①V244.1

中国版本图书馆 CIP 数据核字(2022)第 068162 号

责任编辑: 黎 强
封面设计: 傅瑞学
责任校对: 赵丽敏
责任印制: 丛怀宇

出版发行: 清华大学出版社
      网 址:http://www.tup.com.cn,http://www.wqbook.com
      地 址:北京清华大学学研大厦 A 座 邮 编:100084
      社 总 机:010-83470000 邮 购:010-62786544
      投稿与读者服务:010-62776969,c-service@tup.tsinghua.edu.cn
      质量反馈:010-62772015,zhiliang@tup.tsinghua.edu.cn
印 装 者: 三河市东方印刷有限公司
经 销: 全国新华书店
开 本: 155mm×235mm **印 张:** 11.5 **插 页:** 7 **字 数:** 206 千字
版 次: 2022 年 10 月第 1 版 **印 次:** 2022 年 10 月第 1 次印刷
定 价: 89.00 元

产品编号:088847-01

一流博士生教育
体现一流大学人才培养的高度（代丛书序）①

人才培养是大学的根本任务。只有培养出一流人才的高校，才能够成为世界一流大学。本科教育是培养一流人才最重要的基础，是一流大学的底色，体现了学校的传统和特色。博士生教育是学历教育的最高层次，体现出一所大学人才培养的高度，代表着一个国家的人才培养水平。清华大学正在全面推进综合改革，深化教育教学改革，探索建立完善的博士生选拔培养机制，不断提升博士生培养质量。

学术精神的培养是博士生教育的根本

学术精神是大学精神的重要组成部分，是学者与学术群体在学术活动中坚守的价值准则。大学对学术精神的追求，反映了一所大学对学术的重视、对真理的热爱和对功利性目标的摒弃。博士生教育要培养有志于追求学术的人，其根本在于学术精神的培养。

无论古今中外，博士这一称号都和学问、学术紧密联系在一起，和知识探索密切相关。我国的博士一词起源于2000多年前的战国时期，是一种学官名。博士任职者负责保管文献档案、编撰著述，须知识渊博并负有传授学问的职责。东汉学者应劭在《汉官仪》中写道："博者，通博古今；士者，辩于然否。"后来，人们逐渐把精通某种职业的专门人才称为博士。博士作为一种学位，最早产生于12世纪，最初它是加入教师行会的一种资格证书。19世纪初，德国柏林大学成立，其哲学院取代了以往神学院在大学中的地位，在大学发展的历史上首次产生了由哲学院授予的哲学博士学位，并赋予了哲学博士深层次的教育内涵，即推崇学术自由、创造新知识。哲学博士的设立标志着现代博士生教育的开端，博士则被定义为独立从事学术研究、具备创造新知识能力的人，是学术精神的传承者和光大者。

① 本文首发于《光明日报》，2017年12月5日。

博士生学习期间是培养学术精神最重要的阶段。博士生需要接受严谨的学术训练，开展深入的学术研究，并通过发表学术论文、参与学术活动及博士论文答辩等环节，证明自身的学术能力。更重要的是，博士生要培养学术志趣，把对学术的热爱融入生命之中，把捍卫真理作为毕生的追求。博士生更要学会如何面对干扰和诱惑，远离功利，保持安静、从容的心态。学术精神，特别是其中所蕴含的科学理性精神、学术奉献精神，不仅对博士生未来的学术事业至关重要，对博士生一生的发展都大有裨益。

独创性和批判性思维是博士生最重要的素质

博士生需要具备很多素质，包括逻辑推理、言语表达、沟通协作等，但是最重要的素质是独创性和批判性思维。

学术重视传承，但更看重突破和创新。博士生作为学术事业的后备力量，要立志于追求独创性。独创意味着独立和创造，没有独立精神，往往很难产生创造性的成果。1929 年 6 月 3 日，在清华大学国学院导师王国维逝世二周年之际，国学院师生为纪念这位杰出的学者，募款修造"海宁王静安先生纪念碑"，同为国学院导师的陈寅恪先生撰写了碑铭，其中写道："先生之著述，或有时而不章；先生之学说，或有时而可商；惟此独立之精神，自由之思想，历千万祀，与天壤而同久，共三光而永光。"这是对于一位学者的极高评价。中国著名的史学家、文学家司马迁所讲的"究天人之际，通古今之变，成一家之言"也是强调要在古今贯通中形成自己独立的见解，并努力达到新的高度。博士生应该以"独立之精神、自由之思想"来要求自己，不断创造新的学术成果。

诺贝尔物理学奖获得者杨振宁先生曾在 20 世纪 80 年代初对到访纽约州立大学石溪分校的 90 多名中国学生、学者提出："独创性是科学工作者最重要的素质。"杨先生主张做研究的人一定要有独创的精神、独到的见解和独立研究的能力。在科技如此发达的今天，学术上的独创性变得越来越难，也愈加珍贵和重要。博士生要树立敢为天下先的志向，在独创性上下功夫，勇于挑战最前沿的科学问题。

批判性思维是一种遵循逻辑规则、不断质疑和反省的思维方式，具有批判性思维的人勇于挑战自己，敢于挑战权威。批判性思维的缺乏往往被认为是中国学生特有的弱项，也是我们在博士生培养方面存在的一个普遍问题。2001 年，美国卡内基基金会开展了一项"卡内基博士生教育创新计划"，针对博士生教育进行调研，并发布了研究报告。该报告指出：在美国和欧洲,培养学生保持批判而质疑的眼光看待自己、同行和导师的观点同样非常不容易,批判性思维的培养必须成为博士生培养项目的组成部分。

对于博士生而言,批判性思维的养成要从如何面对权威开始。为了鼓励学生质疑学术权威、挑战现有学术范式,培养学生的挑战精神和创新能力,清华大学在2013年发起"巅峰对话",由学生自主邀请各学科领域具有国际影响力的学术大师与清华学生同台对话。该活动迄今已经举办了21期,先后邀请17位诺贝尔奖、3位图灵奖、1位菲尔兹奖获得者参与对话。诺贝尔化学奖得主巴里·夏普莱斯(Barry Sharpless)在2013年11月来清华参加"巅峰对话"时,对于清华学生的质疑精神印象深刻。他在接受媒体采访时谈道:"清华的学生无所畏惧,请原谅我的措辞,但他们真的很有胆量。"这是我听到的对清华学生的最高评价,博士生就应该具备这样的勇气和能力。培养批判性思维更难的一层是要有勇气不断否定自己,有一种不断超越自己的精神。爱因斯坦说:"在真理的认识方面,任何以权威自居的人,必将在上帝的嬉笑中垮台。"这句名言应该成为每一位从事学术研究的博士生的箴言。

提高博士生培养质量有赖于构建全方位的博士生教育体系

一流的博士生教育要有一流的教育理念,需要构建全方位的教育体系,把教育理念落实到博士生培养的各个环节中。

在博士生选拔方面,不能简单按考分录取,而是要侧重评价学术志趣和创新潜力。知识结构固然重要,但学术志趣和创新潜力更关键,考分不能完全反映学生的学术潜质。清华大学在经过多年试点探索的基础上,于2016年开始全面实行博士生招生"申请-审核"制,从原来的按照考试分数招收博士生,转变为按科研创新能力、专业学术潜质招收,并给予院系、学科、导师更大的自主权。《清华大学"申请-审核"制实施办法》明晰了导师和院系在考核、遴选和推荐上的权力和职责,同时确定了规范的流程及监管要求。

在博士生指导教师资格确认方面,不能论资排辈,要更看重教师的学术活力及研究工作的前沿性。博士生教育质量的提升关键在于教师,要让更多、更优秀的教师参与到博士生教育中来。清华大学从2009年开始探索将博士生导师评定权下放到各学位评定分委员会,允许评聘一部分优秀副教授担任博士生导师。近年来,学校在推进教师人事制度改革过程中,明确教研系列助理教授可以独立指导博士生,让富有创造活力的青年教师指导优秀的青年学生,师生相互促进、共同成长。

在促进博士生交流方面,要努力突破学科领域的界限,注重搭建跨学科的平台。跨学科交流是激发博士生学术创造力的重要途径,博士生要努力提升在交叉学科领域开展科研工作的能力。清华大学于 2014 年创办了"微沙龙"平台,同学们可以通过微信平台随时发布学术话题,寻觅学术伙伴。3年来,博士生参与和发起"微沙龙"12 000 多场,参与博士生达 38 000 多人次。"微沙龙"促进了不同学科学生之间的思想碰撞,激发了同学们的学术志趣。清华于 2002 年创办了博士生论坛,论坛由同学自己组织,师生共同参与。博士生论坛持续举办了 500 期,开展了 18 000 多场学术报告,切实起到了师生互动、教学相长、学科交融、促进交流的作用。学校积极资助博士生到世界一流大学开展交流与合作研究,超过 60% 的博士生有海外访学经历。清华于 2011 年设立了发展中国家博士生项目,鼓励学生到发展中国家亲身体验和调研,在全球化背景下研究发展中国家的各类问题。

在博士学位评定方面,权力要进一步下放,学术判断应该由各领域的学者来负责。院系二级学术单位应该在评定博士论文水平上拥有更多的权力,也应担负更多的责任。清华大学从 2015 年开始把学位论文的评审职责授权给各学位评定分委员会,学位论文质量和学位评审过程主要由各学位分委员会进行把关,校学位委员会负责学位管理整体工作,负责制度建设和争议事项处理。

全面提高人才培养能力是建设世界一流大学的核心。博士生培养质量的提升是大学办学质量提升的重要标志。我们要高度重视、充分发挥博士生教育的战略性、引领性作用,面向世界、勇于进取,树立自信、保持特色,不断推动一流大学的人才培养迈向新的高度。

邱勇

清华大学校长

2017 年 12 月 5 日

丛书序二

以学术型人才培养为主的博士生教育,肩负着培养具有国际竞争力的高层次学术创新人才的重任,是国家发展战略的重要组成部分,是清华大学人才培养的重中之重。

作为首批设立研究生院的高校,清华大学自20世纪80年代初开始,立足国家和社会需要,结合校内实际情况,不断推动博士生教育改革。为了提供适宜博士生成长的学术环境,我校一方面不断地营造浓厚的学术氛围,一方面大力推动培养模式创新探索。我校从多年前就已开始运行一系列博士生培养专项基金和特色项目,激励博士生潜心学术、锐意创新,拓宽博士生的国际视野,倡导跨学科研究与交流,不断提升博士生培养质量。

博士生是最具创造力的学术研究新生力量,思维活跃,求真求实。他们在导师的指导下进入本领域研究前沿,吸取本领域最新的研究成果,拓宽人类的认知边界,不断取得创新性成果。这套优秀博士学位论文丛书,不仅是我校博士生研究工作前沿成果的体现,也是我校博士生学术精神传承和光大的体现。

这套丛书的每一篇论文均来自学校新近每年评选的校级优秀博士学位论文。为了鼓励创新,激励优秀的博士生脱颖而出,同时激励导师悉心指导,我校评选校级优秀博士学位论文已有20多年。评选出的优秀博士学位论文代表了我校各学科最优秀的博士学位论文的水平。为了传播优秀的博士学位论文成果,更好地推动学术交流与学科建设,促进博士生未来发展和成长,清华大学研究生院与清华大学出版社合作出版这些优秀的博士学位论文。

感谢清华大学出版社,悉心地为每位作者提供专业、细致的写作和出版指导,使这些博士论文以专著方式呈现在读者面前,促进了这些最新的优秀研究成果的快速广泛传播。相信本套丛书的出版可以为国内外各相关领域或交叉领域的在读研究生和科研人员提供有益的参考,为相关学科领域的发展和优秀科研成果的转化起到积极的推动作用。

　　感谢丛书作者的导师们。这些优秀的博士学位论文,从选题、研究到成文,离不开导师的精心指导。我校优秀的师生导学传统,成就了一项项优秀的研究成果,成就了一大批青年学者,也成就了清华的学术研究。感谢导师们为每篇论文精心撰写序言,帮助读者更好地理解论文。

　　感谢丛书的作者们。他们优秀的学术成果,连同鲜活的思想、创新的精神、严谨的学风,都为致力于学术研究的后来者树立了榜样。他们本着精益求精的精神,对论文进行了细致的修改完善,使之在具备科学性、前沿性的同时,更具系统性和可读性。

　　这套丛书涵盖清华众多学科,从论文的选题能够感受到作者们积极参与国家重大战略、社会发展问题、新兴产业创新等的研究热情,能够感受到作者们的国际视野和人文情怀。相信这些年轻作者们勇于承担学术创新重任的社会责任感能够感染和带动越来越多的博士生,将论文书写在祖国的大地上。

　　祝愿丛书的作者们、读者们和所有从事学术研究的同行们在未来的道路上坚持梦想,百折不挠! 在服务国家、奉献社会和造福人类的事业中不断创新,做新时代的引领者。

　　相信每一位读者在阅读这一本本学术著作的时候,在吸取学术创新成果、享受学术之美的同时,能够将其中所蕴含的科学理性精神和学术奉献精神传播和发扬出去。

清华大学研究生院院长

2018 年 1 月 5 日

导师序言

过冷水滴的碰撞结冰现象广泛存在于电力通信、气象、航空航海及低温制冷等生产生活领域。大多数的结冰会带来不利影响甚至导致危害。例如,电线、铁塔、风机叶片等的结冰会影响电力设备的正常运行,飞机结冰则会威胁飞行安全。冰雹/冻雨等气象灾害、食品/生物等低温冷藏也都与过冷水结冰密切相关。

近年来,随着航空/天/海、特高压输电、5G通信等国家重大战略的制定,气象预测、低温存储、高效节能等经济与环保的发展,过冷水滴碰撞结冰的机理研究变得更为迫切。一方面,过冷水处于亚稳态,其相变结冰过程有别于常规的稳态结冰;另一方面,宏观结冰现象实际上始于单个微观过冷水滴碰撞结冰并逐渐积累的过程。为了准确预测和有效控制过冷水滴碰撞结冰过程,以降低乃至消除结冰导致的危害,需要结合流体力学、传热传质学、热力学等多学科,深入认识和掌握过冷水滴的碰撞结冰机理。

本研究采用实验测量、数值模拟和理论分析相结合的方法,系统研究过冷水滴的结冰与碰撞机理及其耦合特性。物理过程上,先解耦研究过冷水滴的相变结冰和常温水滴的流体碰撞过程,进而分析过冷水滴碰撞结冰的耦合特性;物理尺度上,从单个微观过冷水滴碰撞结冰出发,并以此为基础拓展到宏观积冰过程。主要创新性工作包括:揭示了过冷水滴成核的体积效应和时间效应,建立了考虑过冷效应及成核再辉的过冷水滴冻结模型,提出了过冷水滴冻结时间的计算关联式;引入动态接触角模型,并考虑椭球水滴的初始形状,改进了水滴碰撞最大铺展系数计算关系式;获得了不同润湿性表面上水滴碰撞结冰的统一最终形态分布图;构建了单个微观过冷水滴的碰撞结冰现象与宏观积冰过程之间的联系,建立了变物性宏观积冰模型,并给出了不同来流参数下积冰模型选择的建议。综上,本研究分析了过冷水滴结冰与碰撞的耦合机理,阐明了过冷水滴碰撞结冰过程中的传热与流动机制,改进和完善了微/宏观结冰模型,提高了结冰预测准确度,对结/防/除冰相关应用的设计和优化有重要的指导意义。

本书作者张旋博士,2019 年 7 月博士毕业于清华大学能源与动力工程系,同年获评北京市优秀毕业生,其学位论文被评为清华大学优秀博士论文,现被邀将该论文内容凝练成专著,作为导师甚感欣慰。希望本书的出版能够促进和加深读者对于过冷水滴结冰与碰撞的理解,并为相关研究人员提供一些参考。

吴晓敏

2020 年 8 月于清华园

摘　要

　　过冷水滴的碰撞结冰现象广泛存在于航空航海、电力通信、气象、低温制冷等诸多工程实际领域。由于过冷水处于亚稳态，其相变结冰与稳态平衡下水的相变结冰明显不同。生产生活中的宏观结冰/霜等实际是单个过冷水滴与壁面作用而结冰并逐渐积累形成宏观冰层的过程。为了减小结冰/霜导致的危害，从延缓结冰发生、抑制冰层生长等方面出发，本书对过冷水滴的结冰与碰撞特性开展研究，以"静置过冷水滴结冰—水滴碰撞—过冷水滴碰撞结冰—宏观积冰模型"为研究主线，旨在阐明过冷水滴结冰与碰撞的耦合机理，理解过冷水滴碰撞结冰中的传热与流动机制，为改善结/防/除冰相关的工程应用提供理论基础和技术参考。

　　本书开展了静置水滴的结冰与成核实验研究，获得了静置过冷水滴结冰与融化过程中的温度、形貌等特征，统计分析了过冷水滴的成核温度和成核率特性，探讨了过冷水滴成核的体积效应和时间效应。结果表明：过冷水滴的成核温度近似满足正态分布；过冷水滴的体积越小，其成核温度越低；在相同的成核温度下，随着水滴体积的增大和时间的推移，成核率增加。考虑过冷效应引起的成核再辉阶段的影响，建立了过冷水滴冻结阶段的理论模型和数值模型，准确预测了冻结阶段的轮廓变化、尖端形成、相界面变化与温度分布，定量研究了冷面温度（过冷度）、接触角和水滴体积对冻结时间的影响规律，获得了过冷水滴冻结时间的计算关系式，其预测偏差为±25％。

　　实验研究了韦伯数和接触角对水滴碰撞过程的铺展系数和高度系数的影响规律，引入动态接触角模型，建立了水滴碰撞过程的数值模型，定量研究了椭球水滴的初始形状对其碰撞动力学特性的影响，获得了不同初始高宽比下椭球水滴最大铺展系数的计算关系式，其预测偏差为－5％～25％。开展了过冷水滴的碰撞结冰实验，并与常温水滴的碰撞过程及常温水滴的碰撞结冰过程进行了对比分析，探讨了过冷效应对碰撞结冰过程的影响，建立了考虑过冷效应的水滴碰撞结冰数值模型，准确预测了过冷水滴碰撞结冰过程中的铺展系数和形态变化，分析了碰撞与结冰的耦合特性，统一了不同韦伯数、表面接触角和过冷度下碰撞结冰的最终形态分布图,得到了过冷水滴碰撞结冰过程的完全反弹条件。

　　分析了单个微观过冷水滴碰撞结冰现象与宏观积冰过程之间的关系,建立了考虑变物性霜冰层的宏观积冰模型,研究了来流参数对变物性和常物性积冰模型预测结果的影响,并给出了不同来流参数下的模型选择建议。

关键词:过冷水滴;成核再辉;结冰;碰撞;宏观积冰

Abstract

Impacting-freezing phenomena of supercooled water droplets widely exist in many engineering fields such as aerospace/navigation, power, communication, meteorology, and cryogenic refrigeration. Since the supercooled water is metastable, its freezing process is significantly different from the phase change process at a steady and equilibrium state. The macroscopic icing/frosting in real production and life is actually a process that a single supercooled water droplet begins to freeze after interacting with a cold wall and then an ice layer gradually accretes. In order to reduce the damage caused by icing/frosting, studies on the freezing delay and rate as well as ice accretion are done in this research. They mainly focused on the freezing of a sessile water droplet, the impacting dynamics of a water droplet at room temperature, impacting-freezing of a supercooled water droplet, and the macroscopic icing model considering variable-properties rime ice. The purposes of this work are to clarify the coupling mechanism of freezing and impacting of a supercooled water droplet and to help better understand the heat transfer and fluid flow in the impacting-freezing process, providing a theoretical basis and technical reference for improving the related applications in icing/anti-icing/de-icing engineering.

Freezing and nucleation experiments are conducted on sessile supercooled water droplets. The temperature transitions, volume and profile evolutions in the freezing processes of water droplets and the melting processes of frozen droplets are obtained. The statistical characteristics of the nucleation temperature and rate of supercooled water droplets are quantitatively analyzed. The volume and time effects on nucleation temperature and rate are further studied. The results show that the nucleation temperature approximately satisfies a normal distribution, and it goes down with the decreasing droplet volume. At the same nucleation temperature, the nucleation rate increases as the volume increases and time goes by. Besides, an improved theoretical model considering the supercooling effect is developed, it can more accurately predict the freezing time, the evolution of the droplet profile as well as the final freezing tip. A simulation model is also established to calculate the evolutions of the freezing front and temperature distribution in the freezing processes of supercooled water droplets. The influences of surface temperature (supercooling degree), contact angle and droplet volume on the final freezing time are investigated and a correlation for calculating this freezing time is proposed, yielding a deviation of $\pm 25\%$.

The effects of Weber number and contact angle on the evolutions of the spreading and height factors in the droplet impact process are investigated experimentally. Using the Kistler's dynamic contact angle, a simulation model is established to calculate the impact process of an ellipsoidal water droplet. The effect of initial shape on the impact dynamics of an ellipsoidal water droplet is studied and the results show that a larger aspect ratio yields a larger maximum spreading factor. With the aspect ratio of the ellipsoidal water droplet used to modify the viscous dissipation term, and an improved correlation for the maximum spreading factor is obtained, generating a deviation of $-5\% \sim 25\%$. The impacting-freezing experiments on supercooled droplets are conducted and the supercooled effect on the impacting-freezing process is analyzed. A simulation model is developed to calculate the impacting-freezing processes of supercooled water droplets. The droplet behaviors in the impacting-freezing process are divided into three patterns, including the full rebound, partial rebound and full adhesion, which reflects the coupling mechanism of freezing and impacting. A pattern map is proposed to describe the effects of Weber number, contact angle and supercooling degree on the impacting-freezing processes of supercooled water droplets, and the condition for the full rebound is obtained.

After an analysis of the relationship between the impacting-freezing process of a single microscopic supercooled water droplet and the macroscopic ice accretion process, a macroscopic icing model considering the variable-property rime ice is developed. The effects of the airflow parameters on the ice accretion characteristics yielded by different models are compared and some suggestions are given for the model selection under different airflow parameters.

Key words: supercooled water droplet; nucleation and recalescence; freezing; impact; ice accretion

主要符号对照表

a, b	水平和垂直半轴, mm
a_t, b_t	与时间相关的拟合系数
a_T, b_T	与温度相关的拟合系数
A_{mush}	糊状区参数
AR	椭球的高宽比, b/a
Bo	邦德(Bond)数
B_α	体积分数随高度的变化率
B_k	热导率随高度的变化率
c	比热容, J/(kg·K)
Ca	毛细数
D	水滴(铺展)直径, mm
e	偏心率
E_k, E_s	动能和表面能, J
$f_i(T)$	温度 T 时水滴的冻结比例
$f_i(t)$	t 时刻水滴的冻结比例
f_F	液态水冻结分数
f_{Hoff}	Hoffman 函数
f_{Hoff}^{-1}	Hoffman 反函数
$\mathbf{F}_{vol}$	体积力源项, N/(m³·s)
F_T	剪切力, N
g	重力加速度, m/s²
G	单位长度水膜的质量流量, kg/(m²·s)
Gr	格拉晓夫(Grashof)数
h	显焓, J/kg
h_{con}	对流换热系数, W/(m²·K)
h_{latent}	固液混合物的凝固潜热, J/kg

h_{total}	总焓，J/kg
H	高度，mm
k	热导率，W/(m·K)
k_B	玻耳兹曼常数
L	凝固潜热，J/kg
L_R	$\sqrt[3]{AR}$
m，n	水滴数量
MVD	水滴的体积平均直径，μm
$\boldsymbol{n}$，$\boldsymbol{t}$	法向和切向向量，m
Nu	努塞尔(Nusselt)数
$N(T)$	温度 T 时成核率，1/s
$N(t)$	t 时刻的成核率，1/s
Pr	普朗特(Prandtl)数
q	热流密度，W/m^2
r_C	冷却速率，℃/min
R	半径，mm
R^2	置信区间
Ra	瑞利(Rayleigh)数
Re	雷诺(Reynolds)数
R_ρ，S_ρ	与冰层密度相关的参数
$\boldsymbol{S}_M$	动量源项，N/(m^3·s)
S_E	能量源项，J/(m^3·s)
t	时间，s
t_F	冻结时间，s
T_{solid}	固化温度，℃
T_{liquid}	液化温度，℃
T_F	相变温度(凝固点)，℃
ΔT	温度间隔/过冷度，℃
ΔT_{Al}	铝板上下表面的温差，℃
$\Delta T_{\text{air-Al}}$	空气与铝板之间的温差，℃
U	速度，m/s
$\boldsymbol{v}$	速度矢量，m/s
v_{slip}	滑移速度，m/s

V	水滴体积, μL
We	韦伯(Weber)数
W	能量耗散, J
x	x 坐标, m
X	物性参数
z	高度/厚度, mm

希腊字母

α	体积分数
α_{liquid}	液相体积分数
β	液态水收集率
γ	质量分数
ε	极小量
η	滑移系数, mm/s
θ	接触角, (°)
θ_d	动态接触角, (°)
θ_{eq}	平衡接触角, (°)
θ_{adv}	前进角, (°)
θ_{rec}	后退角, (°)
θ_{dg}	动态生长角, (°)
κ	界面曲率, 1/m
μ	动力黏度, Pa·s
ρ	密度, kg/m^3
σ	表面张力, N/m
φ	来流中的液态水含量, g/m^3
Φ	单位体积单位时间的能量耗散, J/m^3
Ω	能量耗散积分体积, m^3

下标

0	初始时刻
a	空气(air)
Al	铝板(aluminum)
c	临界值(critical)
F	凝固(freezing)

g	明冰(glaze ice)
i	冰(ice)
j, p	序号变量
N	成核(nucleation)
r	霜冰(rime ice)
s	表面(surface)
w	水(water)
gl	气液界面
gs	气固界面
ls	液固界面
max	最大值(maximum)
min	最小值(maximum)
mix	冰水混合物(mixture)
NSC	未考虑过冷度(non supercooling)
SC	考虑过冷度(supercooling)
PVRI	变物性霜冰层(property-variable rime ice)
PCRI	常物性霜冰层(property-constant rime ice)
RW	溢流水(runback water)
TPL	三相线(triple phase line)
wall	壁面

注：如书中对符号另有说明，以书中说明为准。

目　录

第1章 引　言

1.1　研究背景与意义

1.1.1　过冷现象

水作为生命之源,是人们最熟悉的物质之一。众所周知,常见的水有三种相态,分别为固态、液态和气态[1]。水的三种相态在一定的条件下可以相互转变(见图1-1)。早在先秦时期,荀子在《劝学》中便提到"冰,水为之,而寒于水",简单描述了日常生活中常见的冰水相变问题。一个标准大气压(101.325 kPa)下,液态水与固态冰在0℃(273.15 K)时会相互转变,此时的温度称为水的凝固点或融化点[1]。

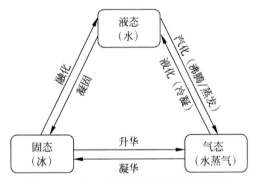

图1-1　水的三种常见相态及其相互转变

热力学中定义的凝固点或融化点是指物质发生稳态平衡相变时的温度,而在某些条件下,水在凝固点0℃时不一定会结冰。1939年,Dorsey[2]发现了过冷水滴的结冰温度低于水的凝固点。1959年,Fox[3]将小水滴分散在不同的悬浮液中,发现水滴会在−12.0~−15.5℃结冰。1975年,Kanno等[4]通过实验测量发现,在不同的压力下,分散在悬浊液中的小水滴最低甚至达到−92℃才开始结冰,即使在一个大气压下,分散小水滴的最低结冰温度也低至－38℃。近年来,许多学者通过热电偶[5-6]、红外热像仪[7]等实验方法测量了水滴结冰过程中的温度变化,也证实了过冷水的存在。随着计算机技术的发展,Poole 等[8]、Palmer 等[9]采用分子动力学(molecular dynamics,MD)方法模拟了过冷水相变的过程。上述在凝固点以下温度仍保持液态的水叫作过冷水,凝固点与过冷水温度的差值即为过冷度。需要注意的是,此处的过冷水(supercooled water)是指温度在凝固点以下的水,与工程热力学中介绍蒸汽动力循环时提到的过冷水不同,后者是指温度在沸点以下的过冷水(subcooled water)[10]。

　　与上述实验中获得的过冷水滴形式类似,实际环境中在较低温度下仍未结冰的过冷水也大多以过冷水滴的形式出现,并且普遍存在于实际大气环境中。从 20 世纪 40 年代开始,美国对大气层进行了大量的实验测量,结果发现,在温度低至－44℃的云层中仍然会有液态过冷水滴存在[11]。关于云层中过冷水滴存在的原因,目前已有的解释主要包括 3 点[12]:①水滴的半径较小,曲率较大,此时表面张力使水滴内部压力增大,凝固点降低,尺寸小是云层中存在过冷水滴的最主要原因;②云层中的过冷水滴大多是以可溶盐为凝结核而形成的,水溶液的凝固点低于纯水的凝固点;③高空中缺少结冰凝结核,而云层中的过冷水滴发生均质形核更困难,不易发生结冰。

1.1.2　结冰与结霜

　　过冷水在一定条件下会发生相变,宏观表现为结冰/霜现象,其广泛存在于航空[13-14]、电力通信[15]、气象[16]和低温制冷[17-18]等实际工程领域。结冰/霜问题的存在对于大多数生产和生活过程而言是不利的[19-22],甚至会带来不必要的危害。

　　在航空领域,飞机作为一种常用的交通工具而穿梭于云层中,云层中的过冷水滴撞击在飞机不同部位导致的结冰会给机身带来不同程度的危害[13,23-24]。机翼结冰会恶化飞机的气动特性,导致其阻力增大、升力减小,影响飞机的稳定性和操纵性[25];发动机进气道结冰,会导致进气量减少和进气道速度场分布不均匀(若冰块脱落进入发动机,则会直接损伤压气机叶片)[26];空速管结冰,会导致指示失真,使飞行员无法准确了解飞机的飞行状态;天线结冰,会影响飞机的正常通信;风挡结冰,会直接影响飞行员视线。统计数据表明,1981—1988 年共发生 542 起飞机结冰事故[27];1990—2000 年,结冰引起的飞行事故在所有气象因素引起的飞行事故中占比高达12%[28-29]。2006 年 6 月 3 日,中国空军某飞机多次穿越结冰区域,导致机身在空中结冰并最终失控坠毁,造成机上 5 名机组成员和 35 名空军专家全部遇难。

在电力通信领域,电缆和铁塔等是电力输运的常规设备。冻雨和降雪等天气带来的过冷水滴撞击在设备表面很容易导致结冰,增加设备的负载,甚至造成设备损坏[30]。用于风力发电的风力机也会遇到含有过冷水滴的来流空气,风力机叶片结冰会改变叶片的气动特性,增加叶片载荷,降低风机的输出功率和使用寿命[15]。在气象领域,除过冷水滴直接以冻雨的形式降落外,存在于积雨云中的过冷水滴在不稳定的气流作用下,也会很容易相变结冰形成冰雹[16],从而引起气象灾害。在低温制冷领域,制冷设备的换热器中也存在着冷凝过冷水的结冰/霜等问题,严重时冰霜会堵塞通道,增大换热器热阻,进而降低换热器性能[31];食物、细胞等冷藏存储中也存在着过冷水的结冰现象,会直接影响食物的新鲜感和细胞的存活率[17-18]。

1.1.3　问题的提出

一方面,过冷水广泛存在于各种实际环境中,另一方面,过冷水的结冰/霜问题会对生产和生活带来诸多不便,因此,人们希望尽量避免或延缓过冷水结冰的发生。从热力学中稳定平衡态能量最小的观点出发,过冷水是一种亚稳态物质,由于其偏离平衡态而处于较高的能量状态,因此是极不稳定的[1]。过冷水的相变结冰过程与稳定平衡态下水的相变结冰过程有着明显的不同,包括结冰触发温度的随机性、较快的结冰速率等[32]。为了有效预测进而控制过冷水的相变结冰过程,减少由于过冷水结冰带来的危害,需要深入理解和认识过冷水结冰现象。

实际生产和生活中涉及的过冷水结冰现象,无论是飞机各部件和电力设备的结冰,还是气象灾害中的冻雨、冰雹等,抑或是换热器中的结冰/霜,其本质过程都是单个过冷小水滴撞击壁面或者与壁面相互作用后发生相变结冰,并逐渐积累形成宏观冰层,如图 1-2 所示。减小结冰导致的危害可以

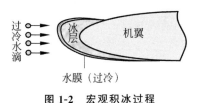

图 1-2　宏观积冰过程

从延缓和预测结冰的发生、降低结冰速率、准确计算冰层生长过程等方面考虑，优先对单个微观过冷水滴碰撞结冰的机理进行深入探讨，然后再开展宏观积冰过程的研究。

由于单个过冷水滴的碰撞结冰过程耦合了流体碰撞与相变结冰两个过程，涉及流体力学、传热传质学和热力学等复杂的领域，可先将此过程解耦为壁面静置过冷水滴的相变结冰特性和水滴的碰撞动力学特性两点分别进行研究，然后再分析结冰与碰撞的耦合特性。为此，本书将关注以下问题：①壁面静置过冷水滴的结冰发生机制及其冰层生长特性，不同条件（温度、接触角、水滴尺寸等）的影响；②水滴的碰撞动力学特性与相变结冰过程如何耦合，过冷水滴碰撞结冰的发生机制及其演化过程，不同条件（We 数、Re 数、接触角等）的影响；③如何在宏观积冰过程中考虑单个过冷水滴碰撞结冰的影响。

1.2　研究现状

以飞机结冰等宏观积冰问题为背景，围绕过冷水滴碰撞结冰的耦合机理，针对 1.1.3 节中提到的 3 个主要问题，本节将对壁面静置过冷水滴的结冰、水滴的碰撞动力学特性、过冷水滴的碰撞结冰和宏观积冰模型 4 个方面分别开展文献调研，总结目前文献中已有研究的不足，进而提出本书的研究内容。

1.2.1　壁面静置过冷水滴的结冰

对于缓慢降温时静置过冷水滴或者悬浮过冷水滴的相变结冰过程，目前文献中已有的实验研究[5,7,34-40]（见表 1-1）基本形成了一定的共识，整个结冰过程可分为 5 个阶段：①液体过冷；②成核；③再辉；④冻结；⑤固体冷却，如图 1-3 所示。与过冷水滴结冰直接相关的主要为成核再辉阶段（成核阶段实际上是结冰过程的起点，通常与再辉阶段放在一起描述和研究）和冻结阶段：成核再辉阶段的时间很短（一般为 10～100 ms 量级），此阶段完成后，水滴内部形成均匀的冰水混合物，过冷水滴内部的温度在释放的凝固潜热作用下恢复到凝固点 0℃；冻结阶段持续时间较长（一般为 10～100 s 量级），此阶段中，水滴内部的冰水相界面从液固接触面（冷面）开始，逐渐向水滴顶部推移，直至全部冻结[41]。

表 1-1　单个过冷水滴结冰的研究

年份	作者	方法	表面特性	液滴性质	研究内容
2003	Strub 等[35]	热电偶	—	1.8 mm 悬浮水滴	温度曲线温度预测模型
2004	Hindmarsh 等[34,38-39]	热电偶	—	0.49~0.78 mm 悬挂水滴	温度曲线、温度预测模型
2005	吴晓敏等[5]	热电偶	铜表面疏水表面	3 μL 悬挂水滴	温度曲线表面接触角、水滴体积、表面粗糙度的影响
2007	王皆腾[36-37]	热电偶	铜表面	2 mm 静置水滴	温度曲线
2010	Li 和 Liu[7]	红外热像仪	玻璃表面	3 μL 静置水滴	红外热像仪测量的温度
2012	Alizadeh 等[40]	红外热像仪	光滑硅表面微纳硅表面	6 μL 静置水滴	温度曲线表面接触角的影响
2014	Chaudhary 和 Li[42]	高速相机	亲水硅表面疏水硅表面	7.2 μL/21 μL 静置水滴	相界面变化

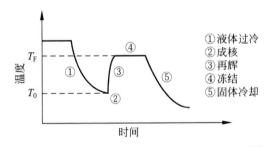

图 1-3　单个过冷水滴结冰过程的温度变化曲线[6]

[Reprined with permission from Zhang X, et al. Freezing and melting of a sessile water droplet on a horizontal cold plate[J]. Experimental Thermal and Fluid Science, 2017, 88: 1-7. Copyright 2017 Elsevier Inc.]

（1）成核再辉

成核分为均质成核和异质成核,实际表面上静置过冷水滴结冰过程的成核触发大多属于异质成核[44]。由于过冷水滴处于亚稳态,其成核再辉会受到很多因素的影响,宏观上表现为发生成核再辉的温度、时间等的变化。

Chaudhary 和 Li[42]通过在 20 μL 水滴内部不同高度处布置多个热电偶测量了水滴冻结过程中的温度变化,测量发现,在不同的降温速率下,水滴的成核再辉温度不同。此外,温度变化曲线表明,过冷水滴的成核再辉在某一过冷度下发生后,迅速扩展至整个水滴,即整个水滴内部的温度立即恢复到凝固点 0℃。Alizadeh 等[40]借助红外热像仪和高速相机,发现了过冷水滴发生成核再辉后水滴顶部的温度上升不是由传热机理引起的,而是由于水中的氢键的存在,使得某一点发生的成核再辉过程迅速扩展到整个水滴,引起整个水滴内部温度的上升(见图 1-4)。此外,研究还发现,随着表面接触角的增大,水滴与壁面的接触面积逐渐减小,成核再辉发生的时间会明显延长。Jung 等[45]通过高速摄像发现,壁面静置过冷水滴的成核再辉阶段在整个液滴内部的发展时间只有几十毫秒,相比紧接着持续几十秒的冻结阶段,成核再辉阶段的时间几乎可以忽略。

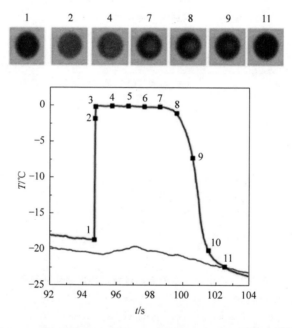

图 1-4　红外热像仪测量的过冷水滴结冰过程中温度变化[40]

〔Reprinted with permission from Alizadeh A,et al. Dynamics of ice nucleation on water repellent surfaces[J]. Langmuir,2012,28(6): 3180-3186. Copyright 2012 American Chemical Society〕

　　笔者所在课题组此前也实验测量了过冷水滴在不同表面上的结冰过程[5],结果发现:当壁面温度高于 −12℃时,水滴体积越小,表面粗糙度越小,表面接触角越大,水滴越晚开始冻结。Rahimi 等[46]利用不同物质对裸铝表面进行修饰后,测量了过冷水滴在不同接触角表面上的结冰成核延迟时间,研究发现,经三乙氧基硅烷修饰、具有轻微疏水性的表面,相比于更疏水或更亲水的表面具有更长的延迟成核时间。此结果说明,过冷水滴在表面上的结冰触发过程不仅与接触角有关,还与表面的化学性质有关。

从微观层面上看,过冷水滴的成核再辉体现在成核率上。Seidler 和 Seeley[47] 基于经典均质成核理论提出了表面上静置过冷水滴成核率的拟合关联式,并计算了含有不同醇类水滴的成核率;Duft 和 Leisner[48] 通过超声悬浮实验测量了不同大小过冷水滴的成核率,结果表明,过冷水滴的成核率与水滴的大小有关系,水滴体积越小,表面形核所起的作用越大。

杨绍忠和酆大雄[49] 利用过冷水滴的成核再辉过程释放的凝固潜热信息,设计了一种改进的水滴冻结实验装置,并基于实验装置测量了雨水中冻结核的相对浓度[50]。Tobo[51] 利用表面异质形核实验装置测量了掺杂不同细菌凝结核时的成核率,并利用实验装置的可靠性指出:对于 $10\ \mu L$ 以下的水滴成核冻结过程,当降温速率低于 $1℃/min$ 时,其对成核过程的影响可以忽略。张毅[52] 基于实验测量结果计算发现,过冷水滴表面形核率与水滴大小和降温速率几乎没有关系,并且他也基于表面形核率对疏水表面的防冰性能进行了评价,实验中未观察到表面形核率与接触角及滚动角有明显的依赖关系。Weng 等[53] 实验测量了分散悬浮在油中的水和重水不同比例混合时的成核率,以及水中加入细菌后的成核率,对比后发现成核过程与水分子的活性有关,如图 1-5 所示。

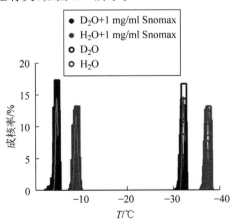

图 1-5　加入细菌前、后的水 H_2O 和重水 D_2O 的成核率[53]（见文前彩图）

（2）冻结阶段

成核再辉阶段完成后,过冷水滴的过冷度得以释放,其内部温度在冻结阶段一直保持冰水混合物的温度(0℃),因此,冻结阶段更类似经典的斯特凡(Stefan)问题[54],目前在理论模型、实验测量和数值模拟方面的研究都较多,如表 1-2 所示。

表 1-2　过冷水滴的冻结阶段研究

年份	作者	研究分类	研究方法	研究对象	研究内容
1987	Sanz 等[55]	理论模型	—	悬挂水滴	凝固模型相界面变化
1995	Feuillebois 等[56]	理论模型	—	球形水滴	相界面变化
1996	Anderson 等[57]	理论模型	—	静置水滴	凝固模型
2003	Hindmarsh 等[39]	理论模型实验研究	热电偶	球形水滴	温度变化曲线
2004	Hindmarsh 等[34]	实验研究	核磁共振高速相机	球形、蔗糖溶液	冻结比例浓度影响
2010	Hu 和 Jin[58-59]	实验研究	分子标记测温法	静置水滴	相界面变化水滴表面温度
2012	Huang 等[60]	实验研究	高速相机	静置水滴	接触角对冻结时间的影响
2014	Marín 和 Enríquez 等[61-62]	实验研究	高速相机	静置水滴	冷面温度和接触角对冻结尖端的影响
2014	Chaudhary 和 Li[42]	实验研究数值模拟	热电偶热焓法	静置水滴	温度变化曲线
2015	Tryggvason 等[63]	数值模拟	FTM	静置水滴	密度变化的影响冻结轮廓
2016	Ismail 和 Waghmare[64]	实验研究	高速相机	静置水滴	不对称条件对冻结尖端的影响
2016	Tropea 和 Schremb[65]	实验研究	高速相机	近似二维和静置三维水滴	相界面变化
2016	Zhang 等[66]	实验研究数值模拟	高速相机等效热容法	静置水滴	相界面变化冻结时间
2017	肖光明等[67]	数值模拟	焓—多孔介质模型	静置水滴	过冷效应相界面变化
2018	Karlsson 等[68]	数值模拟	VOF 方法	静置水滴	水滴内部的流动

　　Tabakova 和 Feuillebois 等[56,69]建立了单个球形过冷水滴冻结模型，并描述了相界面随时间的变化。Hindmarsh 等[39]进一步比较了两种球形过冷水滴冻结模型，将模型计算得到的水滴温度变化曲线与实验测量值比较后发现，相界面由内向外推移的模型更符合实际。

　　Sanz 等[55]通过引入后退接触角，建立了重力作用下悬挂水滴的冻结模型，获得了较好的水滴冻结轮廓。Anderson 等[57]在上述模型基础上，进一步在三相点处引入了滑移速度与表观动态接触角的关系，建立了壁面上的单个水滴的冻结模型，也获得了较好的水滴冻结轮廓。Ajaev 和 Davis[70-71]通过积分法求解了二维水滴的冻结过程，获得了较好的水滴冻结轮廓和最终的尖角，并进一步研究了三相线接触条件对冻结过程的影响，结果表明：表面张力越小和固液导热系数比越大，冻结速率越快[70]。

　　Hindmarsh 等[34]结合核磁共振成像和高速摄像技术，研究了蔗糖液滴凝固过程中未冻结比例随时间的变化以及不同浓度对冻结过程的影响，结果表明：随着蔗糖浓度的提高，成核再辉时的过冷度逐渐增大，冻结阶段持续时间逐渐缩短。Tropea 和 Schremb[65]利用 Hele-Shaw 装置比较了近似二维和静置三维的过冷水滴结冰过程的异同，在成核再辉阶段，二者几乎相同；在冻结阶段，由于冰层的不透明性，二维冻结过程中的相界面为明显的曲面，而三维冻结过程中的相界面则几乎为平面。Zhang 等[66]和 Huang 等[60]实验研究了不同表面接触角下过冷液滴的冻结过程，发现随着接触角的增大，冻结阶段的时间逐渐增长。Hu 和 Jin[58-59]发展了一种基于生命周期的分子标记测温方法（MTT），实现了过冷水滴冻结过程中不同时刻的水滴表面温度变化的可视化，实验获得的相界面变化过程与采用常规光学相机拍摄获得的相界面变化过程吻合较好。实验发现，冻结过程中的体积膨胀主要是使水滴高度增加，而不是使水滴半径增大。

　　Marín 和 Enríquez 等[61-62]实验拍摄了整个冻结过程中水滴的相界面和形状变化，并对冻结完成后水滴的尖端角度进行了系统性的统计研究，结果发现，尖端角度都落在 $139° \pm 8°$ 范围内，与冷面温度和接触角没有关系。此外，实验还发现，冻结过程中，由于传热关系的存在，在三相线处，相界面与气固界面几乎垂直。在此基础上，Ismail 等[64]进一步研究发现，即使在非对称条件下，过冷水滴冻结后形成的尖端角度依然满足上述关系。

　　Chaudhary 和 Li[42]基于水滴初始轮廓，利用热熔法建立水滴冻结过程的数值模拟模型，获得了亲水和疏水表面上冻结过程的温度随时间的变化曲线，相比于亲水表面，疏水表面的结果与实验结果吻合更好。肖光明等[67]初步考虑了非平衡凝固过程中的过冷效应,基于焓—多孔介质模型改进了冻结预测模型,所得结果与实验值吻合得更好。Zhang 等[66]基于水滴初始轮廓,采用等效比热容法,考虑物性参数随温度的变化,数值模拟了水滴冻结过程相界面高度的变化,相比于疏水表面,亲水表面的结果与实验值吻合较好。进一步研究发现,表面接触角会严重影响水滴的冻结过程,对于给定大小的水滴,冻结时间随着壁面接触角的增大呈指数上升。Vu 等[63]结合前沿追踪法(front tracking method,FTM)和有限差分法(finite difference method,FDM),考虑液滴冻结过程中的体积膨胀,数值模拟了壁面上单个液滴的冻结过程,较好地再现了液滴冻结过程的轮廓变化。研究发现,随着固液密度比的减小或者生长角的增大,凝固后的液滴高度会增加。

Matsumoto 等[72]还采用分子动力学(molecular dynamics,MD)方法,Sun 等[73]、Zhao[74]等采用格子玻耳兹曼方法(lattice Boltzmann method,LBM),Berberović 等[75]采用相场(phase field,PF)方法对过冷水滴结冰过程进行了模拟,但是整体上而言,这些方法大都处于探索性尝试阶段,目前对于静置过冷水滴相变结冰过程的模拟主要还是以宏观计算流体动力学(computational fluid dynamics,CFD)方法为主。

1.2.2　水滴的碰撞动力学特性

在过冷水滴的碰撞结冰过程中,碰撞和结冰总是耦合发生的,碰撞结冰是否发生是碰撞时间与成核再辉时间的竞争,而水滴在壁面上结冰粘附是碰撞时间与冻结时间的竞争。因此,水滴的碰撞动力学特性研究是理解过冷水滴碰撞结冰耦合特性的关键基础。液滴的碰撞动力学是流体力学的一个重要分支,关于其特性在理论分析、实验测量和数值模拟方面都有较多的研究,如表 1-3 所示。

表 1-3　液滴的碰撞动力学特性的研究

年份	作者	研究分类	研究方法	研究对象	研究内容
1991	Chandra 和 Avedisian[76]	理论分析	能量守恒	—	最大铺展系数
1996	Pasandideh-Fard 等[77]	理论分析	能量守恒	—	最大铺展系数
1997	Mao 等[78]	实验研究	高速相机	多种物质多种表面	撞击速度、黏度、静态接触角、液滴大小和表面粗糙度等的影响

续表

年份	作者	研究分类	研究方法	研究对象	研究内容
2002	Richard 等[79]	实验研究	高速相机	超疏水表面	接触时间与碰撞速度和水滴半径的关系
2002	Šikalo 等[80]	实验研究	高速相机	多种物质多种表面	We 数和 Re 数对铺展系数和高度系数的影响
2004	Eggers 等[81]	理论分析	N-S 方程关键因素分析	单个水滴	最大铺展系数收缩速度
2005	Šikalo 等[82]	实验研究	高速相机	甘油、水滴石蜡、玻璃表面	动态接触角
2005	Šikalo 等[82]	数值模拟	VOF	Kistler 动态接触角	铺展系数高度系数
2005	Gunjal 等[83]	数值模拟	VOF	静态接触角	碰撞形态变化
2006	Roisman 等[84]	数值模拟	VOF	动态接触角	液滴高度变化动态接触角变化
2010	李西营[85]	理论分析	圆柱体模型	—	最大铺展系数
2012	Burtnett[86]	数值模拟	VOF	静态接触角微结构表面	铺展形态
2013	张震 等[87-88]	数值模拟	VOF	Blake 动态接触角	铺展系数
2014	Laan 等[89]	理论分析	能量守恒	—	最大铺展系数
2016	Lee 等[90]	实验研究数值模拟	高速相机VOF	Kistler 动态接触角	铺展形态能量比例分配
2017	刘森云 等[91]	实验研究数值模拟	高速相机VOF	静态接触角超疏水表面	能量耗散

注：液滴碰撞过程中的铺展系数定义为液滴在表面上的三相线直径与水滴初始直径的比值，高度系数定义为水滴高度与水滴初始直径的比值。

（1）理论分析

Chandra 和 Avedisian[76]采用能量平衡对黏性液滴的碰撞过程进行了理论分析，假设液滴在碰撞初始时刻的能量等于其达到最大铺展系数时刻的能量，由此得到了液滴碰撞壁面后的最大铺展系数计算式为

$$\frac{D_{\max}}{D_0} = Re^{1/2} \sqrt{\frac{We+4}{3(1-\cos\theta)}} \tag{1-1}$$

其中，$D_{\max}$ 和 D_0 分别为液滴的最大直径和初始直径；Re 和 We 分别为液滴的雷诺（Reynolds）数和韦伯（Weber）数；θ 为表面接触角。

Pasandideh-Fard 等[77]进一步考虑碰撞最大时刻液滴侧面的能量,推导出了经典的用于预测不同接触角和 We 数下的最大铺展系数关联式:

$$(We + 12)\frac{D_{max}}{D_0} = 8 + \left[3(1 - \cos\theta) + \frac{4We}{\sqrt{Re}}\right]\left(\frac{D_{max}}{D_0}\right)^3 \qquad (1\text{-}2)$$

李西营[85]假设水滴达到最大铺展系数时的形状为圆柱体,同样采用能量平衡分析了水滴碰撞超疏水表面后的最大铺展系数,该模型一方面修正了水滴撞击超疏水表面时表面润湿状态改变引起的表面能变化,另一方面考虑了超疏水表面微结构引起的黏性耗散改变。

Eggers 等[81]将液滴的碰撞过程分为 4 个阶段:初始黏性铺展、边界层生长与液膜形成、液膜铺展、液环形成与收缩,针对每一个阶段,从 N-S 方程出发,分析了影响铺展和收缩的关键因素,进而获得了对整个液滴碰撞过程的描述,其中最大铺展半径满足 $R_m/R \propto Re^{1/2}$,收缩速度满足 $V_{ret}/R_m \propto UWe^{1/2}/R$。Laan 等[89]基于上述分析式,结合许多文献中的实验测量结果,进一步综合了液滴碰撞的最大铺展系数与 We 数和 Re 数的关系,提出了二者的耦合式 $D_{max}/D \propto Re^{1/5}f(WeRe^{-2/5})$。

(2) 实验测量

Mao 等[78]实验研究了撞击速度、黏度、静态接触角、液滴大小和表面粗糙度等对液滴撞击壁面的影响规律,结果表明:液滴的最大铺展半径受撞击速度和黏度的强烈影响,而液滴是否反弹则基本上取决于黏度和静态接触角。Richard 等[79]利用高速相机拍摄了不同 We 数下水滴碰撞超疏水表面的过程,通过分析发现,水滴与壁面的接触时间与碰撞速度无关,与水滴半径线性相关。Šikalo 等[80]采用高速相机观测了不同碰撞条件对液滴碰撞水平壁面后运动形态的影响,包含水、异丙醇、甘油三种液滴,We 数范围为 50~1080,表面为光滑壁面、PVC 壁面、石蜡壁面和粗糙玻璃壁面 4 种不同润湿性表面。结果表明:最大铺展系数随着 Re 数和 We 数的增大而增大;接触角越小,We 数和 Re 数对铺展系数的影响越大。Šikalo 等还进一步实验研究了甘油液滴和水滴撞击水平石蜡和玻璃表面过程中的动态接触角变化[82],通过与倾斜表面的动态接触角对比发现,静态接触角对动态接触角的影响作用,在惯性力和黏性力控制阶段不是很明显,但是在表面张力控制阶段很明显[92]。

胡海豹等[93]实验研究了水滴撞击超疏水黄铜表面后的破碎行为,结合高速摄像拍摄到的实验图片,从受力分析的角度讨论了水滴破碎的机理,分析了其临界条件,并给出了水滴在破碎过程中的铺展系数变化规律,最终结果表明：水滴的直径越大，其发生破碎的临界速度越低，达到一定的速度后，不同直径的水滴碰撞壁面后都会破碎。方亚芹[94]实验研究了表面润湿性和液滴直径—管外径曲率比对水滴碰撞过程的影响，结果发现：水滴碰撞超疏水表面后直接完全反弹，碰撞疏水圆管后有回缩现象，但是碰撞亲水表面后则直接铺展达到稳定。表面润湿性相同时，曲率比越大，水滴碰撞壁面后的回缩越困难，并在回缩的过程中越容易破碎。

（3）数值模拟

Gunjal 等[83]采用流体体积（volume of fluid，VOF）方法，引入静态接触角模型，模拟了液滴碰撞过程中的形态变化，液滴的变化趋势整体上与实验观察结果吻合较好。Šikalo 等[82]采用 VOF 方法，并引入 Kistler 动态接触角模型，模拟了液滴碰撞过程中的形态变化，不仅模拟得到的水滴形态变化与实验观察结果吻合较好，而且定量对比铺展系数后发现，动态接触角的模拟结果明显比静态接触角更接近实验测量值。张震[87-88]则进一步对比了采用 4 种动态接触角的处理方法，借助 Fluent 中的 VOF 模型，模拟了微米液滴撞击加热平板的动态过程，发现采用 Blake 模型获得的动态接触角和铺展系数变化与实验测量结果吻合最好。进一步研究了不同参数对液滴铺展过程的影响，发现随着 We 数的增大，液滴的最大铺展系数会相应增大，同时最大铺展系数对应的时间和最终回弹的时间也会变长。刘森云等[91]结合实验测量和数值模拟结果，对液滴撞击超疏水表面过程中涉及的能量耗散进行了分析和讨论，结果表明：碰撞超疏水表面过程的能量耗散同时受到表面润湿性和润湿状态的影响。Burtnett[86]采用 VOF 方法，模拟了水滴碰撞光滑表面和微结构表面的过程，对于光滑表面获得了较好的结果，而对于微结构表面，建议采用三维模型来模拟水滴碰撞过程。

近年来，格子玻耳兹曼（lattice Boltzmann method，LBM）方法越来越多地被用来研究液滴的碰撞动力学特性。李爽[95]和赵玉[96]基于 LBM 方法，研究了碰撞速度、液滴黏度、表面张力以及壁面特性（润湿性、倾斜度、粗糙度）等对液滴碰撞过程的影响；Mukherjee 等[97]通过 LBM 方法计算水滴的碰撞过程，发现水滴的反弹与粘附受到 We 数、Oh 数和接触角的影响，并且研究了动态接触角与 We 数和 Oh 数的关系；Ashoke Raman 等[98]采用三维 LBM 方法模拟了两个液滴同时撞击壁面的过程，发现气相密度对于不同碰撞速度下液滴的合并模式具有明显的影响；Dalgamoni 等[99]提出了旋转对称的 LBM 模型，可以大大减小计算量。此外，清华大学陈民课题组[100]采用分子动力学（MD）方法修正了黏性耗散和表面张力项，准确地模拟了纳米液滴的碰撞过程,并且提出了液滴撞击破碎的两种模式和分界线;Shahmohammadi 等[101]采用 Level Set 方法模拟了喷雾冷却过程中的水滴碰撞过程。

1.2.3　过冷水滴的碰撞结冰

　　过冷水滴的碰撞结冰过程同时涉及相变结冰和流体碰撞两方面,再加上过冷引起的热力学问题,因此研究起来较为困难。目前的研究很少涉及相关的理论分析,更多的是一些定性的实验研究和数值模拟。相比之下,常温水滴的碰撞结冰由于与过冷水滴的碰撞结冰类似,并且研究起来相对容易,因而受到了较多的关注。

　　在常温水滴的碰撞结冰实验方面,胡海豹等[102]基于高速摄像的拍摄结果,研究了水滴撞击低温壁面后的碰撞结冰过程,探究了碰撞速度、壁温和材料热导率三种因素对碰撞结冰过程的影响规律,发现水滴碰撞低温壁面后的最大铺展系数会减小。Yao 等[103]的实验结果表明,随着冷面温度的降低,水滴的振荡减弱,冻结延迟时间和持续时间也会相应减小。Jin 等[104-105]实验研究了水滴撞击冰面的过程,观察到水滴铺展到最大直径后没有出现收缩过程。随着冰面温度的降低,最大铺展系数逐渐减小,冻结后的水滴高度显著增加。Schremb 等[106-107]实验拍摄了水滴倾斜撞击冷表面的结冰过程,虽然水滴的初始碰撞条件相同,但是由于水滴冻结延迟的作用,最终的水滴形态差别很大;冷面温度对水滴的铺展过程没有显著影响,但是会极大地影响收缩过程。范瑶等[108]实验发现,随着圆柱曲面曲率的增加,相比平面,水滴在撞击圆柱周向上的铺展更大,而在轴向上的铺展则更小。

　　在常温水滴的碰撞结冰模拟方面,Pasandideh-Fard 等[109]结合体积追踪法和焓法处理相变过程中的固液界面问题,模拟了水滴撞击冷面的结冰过程,与实验拍摄结果吻合较好。冷梦尧等[110]采用 VOF 方法和静态接触角模型,模拟了水滴撞击冷表面时表面润湿性和冷面温度对撞击结冰的影响规律,发现水滴撞击超疏水冷表面后与冷表面的接触时间更短,接触面积也更小,因此更难发生结冰和粘附。上海交通大学的郑平院士[111-112]提出了一种用于模拟水滴碰撞冷面结冰过程的三相 LBM 方法,并且采用此LBM 模型研究了水滴碰撞结冰过程中的气泡形成机理,研究发现对于接触角较小的表面,凝固过程会影响气泡的数量。胡海豹等[113-114]则从分子动力学(MD)的角度出发,对微观纳米尺度上水滴碰撞冷面后的结冰过程进行了数值模拟,水滴内部的温度分布主要借助统计热力学方法获得,进而间接判断水滴碰撞时的相变结冰过程。

　　过冷水滴的碰撞结冰机理在近几年才开始被研究。Fumoto 和 Kawanami[115]等实验拍摄了过冷水滴的碰撞变形与结冰过程,分析结果显示:壁面条件会严重影响过冷水滴的冻结行为。Yang 等[116]和李宁等[117]实验研究发现,不同的金属表面,碰撞结冰难易程度依次为不锈钢＞铝＞紫铜,并给出了瞬时结冰和非瞬时结冰是否发生与壁温和环境温度的关系。上海交通大学的李海星等[118-119]通过实验研究将过冷水滴的碰撞结冰分为碰撞—扩散和回缩—结冰(瞬时结冰和非瞬时结冰)过程,初步绘制了碰撞结冰是否发生与 Re 数和水滴过冷度的关系图,并且总结了由于过冷水滴成核时间不同引起的 3 种不同的最终冻结形态:盆形、盘形和半球形[120]。Tropea 等[121]和 Li 等[122-123]实验测量了过冷水滴碰撞结冰速率,发现其明显高于自由枝晶的生长速率,由此说明碰撞结冰过程中结冰在多个成核点上同时发生。Mohammadi 等[124]实验研究了过冷水滴在来流中的碰撞结冰过程,在过冷引起的黏度增大和结冰成核的双重作用下,过冷水滴碰撞壁面后的形态会受到严重影响:在亲水表面和疏水表面上,过冷水滴在达到最大铺展系数后瞬间冻结;来流速度增大为 10 m/s 时,其冻结三相线相比静止环境下增长了两倍;超疏水表面上的过冷水滴仍然能够反弹,其反弹时间在来流速度增大为 10 m/s 时减小了 30％。

　　由于过冷效应引起的成核时间具有不确定性,关于过冷水滴碰撞结冰的模拟较少。Blake 等[125]耦合了 VOF 与水平集(Level Set)方法,采用静态接触角模型,将成核再辉过程简化为物性参数的变化,并耦合凝固/融化模型来处理相变问题,模拟了过冷水滴碰撞壁面结冰过程,结果表明对于疏水表面模拟与实验吻合较好。在此基础上,Yao 等[126]采用 OpenFoam 开源代码提供的 VOF 方法,同时引入动态接触角模型,模拟了过冷水滴撞击倾斜冷壁面过程中的形态变化,并给出了超疏水表面上结冰是否发生与 We 数和 Oh 数之间的关系区域图。Schremb 等[127]建模分析了过冷水滴撞击结冰后的冰层厚度,并指出水滴温度是冰层厚度的决定因素,冷面温度的影响几乎可以忽略。

　　近年来,由于超疏水表面具有许多独特的表面性质,部分学者开始尝试研究将其应用在防结冰领域。Mishchenko 等[109]、Li 等[123]实验拍摄了不同表面上的碰撞结冰过程,发现超疏水表面能够明显减缓结冰的发生,如图 1-6 所示。Maitra 等[128]通过实验观察发现,过冷水滴撞击超疏水表面与常规表面明显不同。过冷水滴黏度的增大使得其最大铺展系数较常温水滴小(3 m/s时,大约下降25%),当水滴底部的弯液面进入微纳结构时会将水滴的反弹时间提高两个数量级。尽管只是部分润湿,过冷水滴黏度的增加仍然会阻碍水滴的完全反弹。清华大学航天航空学院的 Zhang等[129-130]基于实验研究讨论了超疏水表面粗糙度、温度和润湿性对过冷水滴碰撞动力学的影响,分析了水滴与壁面粘附的热力学成因,并指出结冰成核是引起水滴粘附的主要原因,而不是黏度的增加。通过分析固液接触面积分数对防结冰性能的影响,发现微纳米结构尺寸与临界成核半径相近时,超疏水表面可以更好地防止高速过冷水滴碰撞结冰的发生。

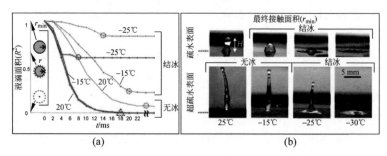

图 1-6　超疏水表面减缓结冰的发生[109](见文前彩图)

[Reprinted with permission from Mishchenko L, et al. Design of ice-free nanostructured surfaces based on repulsion of impacting water droplets[J]. ACS Nano, 2010, 4(12): 7699-7707. Copyright 2010 American Chemical Society]

1.2.4　宏观积冰模型

正如 1.1 节中所提到的,单个过冷水滴的碰撞结冰[33,131]是宏观积冰过程的微观体现,为了能够将单个过冷水滴的机理研究应用到宏观积冰过程中,还需探讨微观与宏观之间的跨尺度联系。此外,这种联系也适用于其他领域中涉及的单个液滴碰撞与相变耦合问题的研究,如材料热喷涂[132]、喷雾冷却[133]。

对于宏观结冰过程的研究,Messinger[135]基于能量平衡,从传热学角度出发,建立了包括来流速度、来流温度、液态水含量、表面温度等宏观参数的经典积冰模型,开展了平衡态下的结冰过程计算,此后的许多理论和数值模型大多围绕 Messinger 模型展开[136-139]。Sherif 等[33]建立了一种半经验半理论模型,当固壁表面温度在凝固点附近时,该模型可以准确地预测亚音速流动下的结冰过程。Zhang 等[14]、Myers 和 Thompson[140]、Hammond[141]、Anderson 和 Feo[142]、Rothmayer[143]、杜雁霞等[144]进一步考虑冰层表面的溢流水问题,完善了经典的 Messinger 积冰模型。此外,易贤[24]、Mingione 等[145-146]、Özgen 和 Canibek[147]、常士楠等[148-149]、Cao 等[150]和张强等[151]基于 Messinger 提出的平衡态相变模型开展了大量的结冰数值模拟工作,一些专用于开展结冰模拟的软件也应运而生,包括 NASA(美国国家航空和航天局)推出的 LEWICE[152-153]、加拿大 NTI 公司研发的 FENSAP-ICE[154](目前已被 ANSYS 公司收购)等。1990 年前后,NASA 在刘易斯研究中心(Lewis Research Center)的结冰风洞中开展了系列结冰实验[155-157],为上述理论和数值模拟研究提供了大量宝贵的实验验证数据。

上述理论模型和数值模拟,几乎都采用恒定冰层密度。实际上,在不同的来流条件下,由微观过冷水滴碰撞结冰逐渐积累形成的宏观冰层形状是不同的,主要分为霜冰、明冰和混合冰三种典型的冰型[155,158-160],相应的形成条件和特征如表 1-4 所示,其中,飞机积冰中最常出现的为混合冰,其次为霜冰,明冰出现的概率比较少[161]。从表 1-4 中的形成条件和图片可以看出,宏观上的不同冰型主要是由过冷水滴撞击壁面后的冻结速率快慢引起的。对于较为常见的混合冰和霜冰,其在形成的过程中由于过冷水滴撞击壁面后的冻结速率较快,会将一部分空气包裹在冰层中,由此实际上是一种多孔介质[162-163](见图 1-7),其密度会随着来流参数的不同而发生变化。Buserdg 和 Aufdermaur[163]描述了一种简化的单个过冷水滴碰撞结冰后集聚成霜冰层的刚性模型,Coles[164]实验测量了剪切流动下低密度冰层的密度,并关联了冰层的密度与导热系数,Macklin[165]基于实验测量结果,初步给出了冰层密度与来流参数和壁面条件的关系:

$$\rho_{\mathrm{i}} = 0.11\left(-\frac{D_{\mathrm{s}}U_{\mathrm{a}}}{2T_{\mathrm{s}}}\right)^{0.76} \tag{1-3}$$

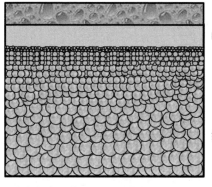

图 1-7　单个微观过冷水滴碰撞结冰后集聚成宏观冰层的二维结构(见文前彩图)

其中，D_s 是结冰表面的前缘直径；U_a 是来流速度；T_s 是壁面温度。此后，Pflaum 和 Pruppacher[166] 基于表面温度对冰层密度关联式进行分段：

$$\rho_i = \begin{cases} 0.261R_\rho^{0.38}, & T_s \leqslant -5℃ \\ \exp(2.355R_\rho - 0.479R_\rho^2 + 0.0329R_\rho^3 - 4.027), & T_s > -5℃ \end{cases}$$

$$(1-4)$$

其中，$R_\rho = -D_s U_a / 2T_s$。Bain 和 Gayet[167] 基于参数 R_ρ 对冰层密度关联式进行分段：

$$\rho_i = \begin{cases} \dfrac{R_\rho}{R_\rho + 5.61}, & 10 < R_\rho < 60 \\ 0.917, & R_\rho \geqslant 60 \end{cases}$$

$$(1-5)$$

Jones[168] 进一步扩大了参数 R_ρ 的范围，给出关联式：

$$\rho_i = \begin{cases} 0.21R_\rho^{0.53}, & R_\rho \leqslant 10 \\ \dfrac{R_\rho}{1.15R_\rho + 2.94}, & 10 < R_\rho \leqslant 60 \\ 0.84, & R_\rho \geqslant 60 \end{cases}$$

$$(1-6)$$

Rios[169] 在分析了各种不同来流参数对冰层密度的影响关系后，给出了更加统一和完善的冰层密度关联式：

$$\begin{cases} \rho_i = 1000\exp\left[-0.15 \times \left(1 + \dfrac{6043}{S_\rho^{2.65}}\right)\right] \\ S_\rho = \dfrac{MVD^{0.82}U_a^{0.59}(1000\varphi)^{0.21}}{(10D_s)^{0.48}(-T_a)^{0.23}} \end{cases}$$

$$(1-7)$$

表 1-4　三种典型冰形的特征及形成条件[158]

冰形	示意图	结冰条件[24]	危害程度	模拟难度
霜冰	机翼	来流温度很低、速度较低、液态水含量较低；过冷水滴碰撞冷表面瞬间冻结	★	★
混合冰	机翼	来流温度适中、速度适中、液态水含量适中；由霜冰和明冰混合组成	★★	★★
明冰	机翼	来流温度较高（仍低于凝固点）、速度较高、液态水含量较高；过冷水滴碰撞冷表面后，未冻结或部分冻结，液态过冷水在剪切气流作用下沿表面流动并逐渐冻结	★★★	★★★

　　关联式(1-7)包含了影响冰层密度的所有来流参数,并且逐渐被应用在宏观积冰模型中[170-172]。

　　此外,Blackmore 和 Lozowski 等[173-174] 建立了考虑枝晶生长的海绵状冰层模型,可以同时计算海绵状枝晶生长速率和宏观积冰速率,上海交通大学的 Kong 和 Liu[32,175] 基于实验获得的不同表面上的枝晶形状和生长速度等参数建立了壁面附近结冰生长理论模型。

1.2.5　研究现状小结

　　针对过冷水滴的碰撞结冰问题,从减小结冰/霜危害等实际需求出发,为了理解其耦合机理,本书在 1.1.3 节提出了有关结冰、碰撞和二者耦合的 3 个问题,并有针对性地在 1.2 节分别进行了研究现状调研,现分别小结如下。

　　针对问题(1)——壁面静置过冷水滴的结冰发生机制及其冰层生长特性,不同条件(温度、接触角、水滴尺寸等)的影响,现有关于壁面静置过冷水滴的结冰研究,在实验上已对整个结冰过程形成了较为系统和详细的定性认识。但是,由于成核再辉阶段的瞬态特性,导致研究难度较大,虽然目前已有一定的实验探究,但是未形成比较清晰的结冰发生判断条件,缺乏统一的成核触发温度经验关联式,使得在实际宏观积冰模型中引入过冷水结冰发生机制时存在一定的难度,尚需对此问题进行进一步研究。此外,对于冻结阶段,虽然实验研究已观察到了过冷效应的影响,但是现有的理论模型和数值模拟缺乏对过冷度效应的考虑,也尚未形成不同条件(温度、接触角、水滴尺寸等)对最终冻结时间的定量影响关系式。

　　针对问题(2)——水滴的碰撞动力学特性与相变结冰过程如何耦合,过冷水滴碰撞结冰的发生机制及其演化过程,不同条件(We 数、Re 数、接触角等)的影响,对于水滴碰撞动力学特性的研究,属于经典流体力学的一个重要分支,因此其在理论、实验和模拟方面都较为充足,但是在实际情况中,水滴会受到剪切流动、电磁场等环境因素的干扰,由此引起的水滴初始形状变化对碰撞特性的影响还有待研究,仍未见统一的定量分析。对于过冷水滴碰撞结冰过程,由于实验和模拟难度较大,对其耦合特性的研究较少,目前已有的报道多偏向定性研究,碰撞结冰发生机制仍考虑不足,因此尚未形成统一的碰撞结冰形态分布图,无法综合考虑各种因素(We 数、Re 数、接触角、过冷度等)对过冷水滴碰撞结冰的影响。

针对问题(3)——如何在宏观积冰过程中考虑过冷水滴碰撞结冰的影响,虽然目前对于宏观积冰过程的研究,无论是理论模型还是数值模拟,都在不断地补充和完善,已有部分研究考虑了单个微观过冷水滴碰撞结冰过程引起的宏观冰层密度变化,但是霜冰层物性随来流参数和冰层生长的动态变化尚未被考虑。

1.3　研究内容

针对1.1.3节中提出的3个问题以及1.2节中对目前研究现状的调研和总结,本书对过冷水滴的结冰与碰撞及其耦合特性进行研究,主要的研究内容如下。

(1)搭建可进行静置过冷水滴结冰实验、常温水滴碰撞实验和过冷水滴碰撞结冰实验的实验装置;探索一种简单的表面制备方法,制备出具有不同润湿性的表面,采用合适的方法对表面特性进行表征,用于研究表面特性对水滴结冰与碰撞特性的影响。

(2)开展静置过冷水滴的结冰实验,统计过冷水滴的成核温度和成核率特征,并进行相应的定量分析,研究过冷水滴成核的体积效应和时间效应;考虑过冷效应引起的成核再辉阶段,建立过冷水滴冻结阶段中轮廓变化的理论模型;基于理论模型获得的轮廓,引入相变模型,利用数值模拟方法获得冻结阶段中水滴内部的相界面变化和温度分布等信息,分析不同条件(温度、接触角、水滴尺寸等)对最终冻结时间的定量影响。

(3)开展常温水滴的碰撞实验,研究水滴碰撞过程的铺展系数、高度系数、振荡等动力学特性;考虑碰撞过程中的动态接触角问题,开发合理的数值模型对水滴的碰撞过程进行模拟,明确水滴的初始形状对其碰撞动力学特性(尤其是最大铺展系数)的影响规律。

(4)开展过冷水滴的碰撞结冰实验,重点关注过冷水滴与常温水滴碰撞结冰的异同;耦合静置过冷水滴的结冰模拟和常温水滴的碰撞模拟,选择合适的数值模型模拟过冷水滴的碰撞结冰过程,分析结冰与碰撞的耦合特性,获得不同条件下过冷水滴碰撞结冰的形态分布图。

(5)分析单个微观过冷水滴的碰撞结冰现象和宏观积冰过程之间的联系,建立考虑变物性霜冰层的宏观积冰模型,探讨不同来流参数对积冰特征的影响规律,并给出模型选择建议。

结合以上研究内容,本书的研究框架和章节分布如图 1-8 所示。

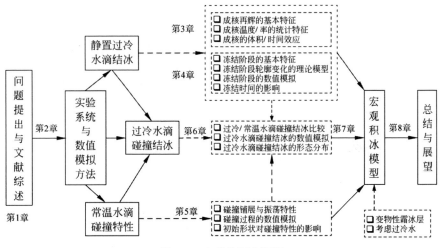

图 1-8　本书的研究框架

第2章　实验系统与数值模拟方法

结合 1.3 节中的研究内容,本书将开展大量的实验和数值模拟工作,故本章将系统介绍书中用到的实验装置与数值模拟方法。首先,介绍自行搭建的可进行静置过冷水滴结冰实验、常温水滴碰撞实验和过冷水滴碰撞结冰实验的装置,并说明实验数据的处理方法。其次,由于实验中研究了表面特性对于过冷水滴结冰和碰撞过程的影响,因此将介绍一种成熟的基于涂层法的表面制备方法,以及相应的表面微观结构表征和润湿性测量等方法。最后,本章将介绍在本书的数值模拟中用以处理多相流问题的 VOF (volume of fluid)模型,用以处理相变结冰问题的凝固/融化(solidification/melting)模型,以及用于处理碰撞过程三相线问题的动态接触角(dynamic contact angle,DCA)模型。

2.1　实验系统及数据处理

2.1.1　实验系统介绍

实验系统如图 2-1 所示,主要包括 5 个子系统:环境控制系统、制冷系统、水滴发生系统、温湿度采集系统、图像采集系统和实验段,对应的实验台实物如图 2-2 所示。

环境控制系统用于对实验段(尺寸为 300 mm×300 mm×300 mm)内的空间进行温度、湿度和流速的控制与调节,主要包括空调、加湿器、变频风机、换热器、制冷循环泵、热线风速仪等。空调主要用于对整个房间内大环境进行初步的温度和湿度控制,加湿器用于调节空气的湿度,变频风机用于改变流经换热器的空气流速,换热器通过与制冷循环泵(DLSB-20/40)交换冷量将来流空气的温度控制在一定的范围内,热线风速仪(KANOMAX KA23)主要用于检测空气的流速,其风速测量范围为 0~50 m/s,速度测量精度为±0.1 m/s,温度测量精度为±0.5℃。开展的静置过冷水滴结冰实验、常温水滴碰撞实验和过冷水滴碰撞结冰实验均在密封实验段内恒定湿

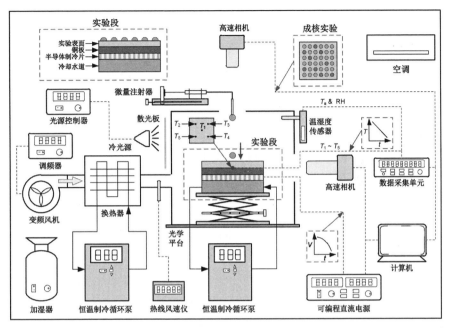

图 2-1   实验系统

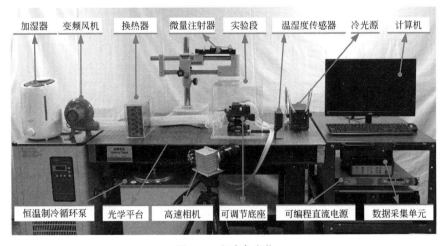

图 2-2   实验台实物

度和自然对流环境下进行,未研究来流速度和湿度的影响规律。因此,在所有的实验过程中,通过控制调频风机的流速将实验段内的空气流速控制在 (0.2 ± 0.1) m/s[176],保持实验段内几乎为自然对流环境,同时调节制冷循环泵的制冷温度,进而将实验段内的温、湿度维持在实验所需的范围中。经过测试调节,此系统在实验段为自然对流和环境相对湿度(20±5)%条件下,可将实验段温度控制在−8℃至环境温度,满足实验需求。

制冷系统用于为实验段表面提供恒定的冷面温度,主要包括可编程直流电源、半导体制冷片、冷却水道、制冷循环泵等。可编程直流电源(Agilent N5766A)用于控制制冷片的输入电压,其最大输出电压和电流分别为 40 V 和 38 A,电压和电流的调节精度分别为 0.02 V 和 0.038 A,通过LAN 接口与计算机连接后,可直接利用 LabVIEW 8.6 软件编写控制程序实时调节其输出电压和电流,进而控制实验台冷面温度的变化。半导体制冷片(TEC1-12706)的正常工作电压和电流分别为 12 V 和 5 A,在保证充分散热的条件下,最大可实现冷面与热面温差为−50℃。由于半导体制冷片的冷热面温差不与其输入电压成线性比例关系,为了获得线性降低的冷面温度,实验在 LabVIEW 程序中引入热电偶温度并进行 PID 控制,通过实时反馈调节可编程直流电源的输出电压,获得实验所需的冷面温度。冷却水道和制冷循环泵用于带走制冷片制冷过程中热面产生的热量,冷却水道内部加工有蛇形通道,以便带走更多的热量。制冷片的安装如图 2-3 所示,考虑到实验过程中所有的表面基材都是铝板,为了获得更加均匀的冷面温度,在实验表面与制冷片冷面之间安装一片导热系数更好的铜板(厚度为1 mm),实验表面、铜板和制冷片冷面之间依次采用导热硅脂粘接,制冷片热面则通过导热硅脂与冷却水道粘接在一起。

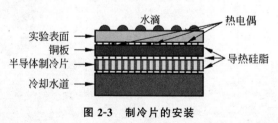

图 2-3　制冷片的安装

水滴发生系统用于产生一定大小的水滴,主要包括微量注射器、螺旋微调平台、毛细管等。微量注射器固定在螺旋微调平台上,其安装实物如图 2-4 所示,螺旋微调平台的旋转刻度有 100 个分格,可将微量注射器推杆水平位移的精度提高 100 倍,进而减小人为操作带来的水滴体积波动。微量注射器通过硅胶管与毛细管连接,实验中用到的毛细管外径为(0.7±0.02)mm。经过多次反复测量,取读数的平均值,此系统最终产生的液滴体积稳定在(12.0±0.2) μL。

图 2-4　螺旋微调平台安装实物

温湿度采集系统用于实时采集实验段温湿度和冷表面温度,主要包括 T 型热电偶、温湿度传感器、数据采集仪等。T 型热电偶(TT-T-36)在实验使用前,利用恒温水浴槽内精度为±0.1℃的高精度铂电阻温度计在整个实验温度范围内进行标定。同时,为了减小实验中的温度测量误差,在实验表面下方布置 5 个呈 X 型的热电偶,其安装位置如图 2-5 所示,取它们所测温度的平均值作为冷面温度。温湿度传感器由温湿度变送器(Rotronic HF532)和温湿度探头(Rotronic HC-2)组成,其温度和湿度的测量精度分别为±0.1℃和±0.8%,主要用于记录实验段的温湿度。T 型热电偶和温湿度传感器都通过数据采集仪(Agilent 34970A)与计算机连接,根据实验需求实时采集和存储数据。

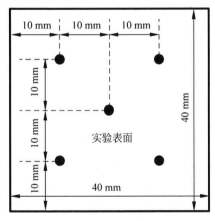

图 2-5　热电偶安装位置
●代表热电偶

图像采集系统用于记录过冷水滴结冰/碰撞过程中内部相界面和外部轮廓的变化,主要包括高速相机、冷光源、散光板等。高速相机(Optronis CP80-3-M-540)在分辨率为 1024×1024 下的拍摄帧速率最高可达 2000 fps(帧/秒),降低分辨率时的最大帧速率可达 5000 fps,配置镜头为 Nikon AF Micro 105mm f/2.8D。冷光源(Hecho S5000)同时配置光源控制器调节光强。散光板为双面粗糙有机玻璃板,可改善背景光源的均匀性,方便后期通过程序自动提取液滴轮廓数据。

实验所用表面均以裸铝表面(尺寸为 40 mm×40 mm×1 mm)为基础,通过涂层法改变其表面特性,不同表面的具体制备方法和表面特性表征将在 2.2 节中详细介绍。

2.1.2　数据处理方法简介

本节围绕研究内容,开展了静置过冷水滴结冰实验、常温水滴碰撞实验和过冷水滴碰撞结冰实验,主要采集的数据为温/湿度数据和图像数据。

(1) 温/湿度数据处理

对于采集的环境温/湿度数据,直接对整个实验过程取平均即可获得相应的实验段工况,因此温湿度数据的处理主要是对冷面温度数据进行处理。在静置过冷水滴结冰和过冷水滴碰撞结冰的实验过程中,实验数据都会涉及冷面温度,获取冷面工况温度的主要方法是观察过冷水滴的冻结状态,找到图像对应的物理时间,然后在采集的温度数据中找到相应时刻的温度数据。尤其是在大量过冷水滴逐一成核的过程中,需获得冷面缓慢降温时每一个过冷水滴成核瞬间对应的成核温度数据,从而进行统计分析。对于成核再辉后的冻结阶段,一般持续时间为十几秒,在缓慢的降温速率(一般设置为 1℃/min)下,整个冻结阶段中冷表面的温度变化很小(一般为 0.2℃左右),可采用冻结阶段的时间平均温度或直接简单采用成核温度作为冷面工况温度。

(2) 图像数据处理

图像数据处理是为了定量提取水滴结冰和碰撞过程中的轮廓与相界面变化,图像自动批量处理的主要步骤包括裁剪图像、标记表面、二值化图片和提取轮廓 4 个步骤,如图 2-6 所示。第一步,利用 Photoshop 软件对实验拍摄到的图像进行初步的裁剪、旋转等,获得尺寸合适的原始图像,如图 2-6(a)所示;第二步,利用 Photoshop 软件标记出实验表面与水滴轮廓的交线,作为水滴二维轮廓的基准线,如图 2-6(b)所示;第三步,利用 Matlab 软件对实验图片进行二值化处理,获得水滴在基准线以上的二值化图片,如图 2-6(c)所示;第四步,利用 Matlab 软件提取水滴的轮廓,如图 2-6(d)所示。

基于最终获得的水滴轮廓,可以获得水滴的基底/铺展直径和高度,进而定量分析水滴的结冰和碰撞过程。近似将水滴看成旋转体,可进一步由此轮廓计算出水滴的体积、膨胀率等。

图 2-6　水滴图像自动处理的主要步骤
（a）裁剪图像；（b）标记表面；（c）二值化图片；（d）提取轮廓

2.1.3　误差分析

2.1.2 节的数据处理方法中已经提到,实验中直接测量了实验铝板下表面的温度,而非测量与水滴直接接触的实验铝板上表面的温度和水滴内部的温度,因此实验误差主要来自温度数据的测量,包括实验铝板上、下表面之间的温差和水滴内部的温差两部分。

（1）铝板上、下表面温差

实验铝板上、下表面的温度测量误差主要是由实验过程中的对流换热引起的。铝板与空气之间的传热过程如图 2-7 所示,通过热阻法分析可得铝板上、下表面的温差为

$$\Delta T_{Al} = \frac{\dfrac{z_{Al}}{k_{Al}}}{\dfrac{1}{h_{con}} + \dfrac{z_{Al}}{k_{Al}} + \dfrac{z_{w}}{k_{w}}} \Delta T_{air\text{-}Al} \tag{2-1}$$

其中,ΔT_{Al} 和 $\Delta T_{air\text{-}Al}$ 分别为实验铝板上表面与下表面和空气与实验铝板下表面之间的温差;z_{Al} 和 z_{w} 分别为铝板和水滴的高度;k_{Al} 和 k_{w} 分别为铝板和水滴的导热系数;h_{con} 为水滴表面与空气的自然对流换热系数。实验中所用铝板厚度均为 1 mm,导热系数为 237 W/(m·K),所用典型水滴体积为 20 μL(水滴高度近似为 1.8 mm),水的导热系数为 0.56 W/(m·K),由此,式(2-1)可简化为

$$\Delta T_{Al} = \frac{h_{con}}{2.37 \times 10^5 + 762.7 h_{con}} \Delta T_{air\text{-}Al} \tag{2-2}$$

在冷面朝上或热面朝下时,文献[177]中给出的平均努塞尔数关联式为

$$\begin{cases} \overline{Nu} = 0.52 Ra^{1/5}, & 10^4 \leqslant Ra \leqslant 10^9 \\ Ra = Gr Pr, & Pr \geqslant 0.7 \end{cases} \tag{2-3}$$

其中,$Ra = g\beta L^3 \Delta T_{air\text{-}Al}/(v\alpha)$ 为瑞利数;$Gr = g\beta L^3 \Delta T_{air\text{-}Al}/v^2$ 为格拉晓夫数(考虑到冷表面为水平铝板,其特征长度 $L = 10$ mm);Pr 为普朗特数

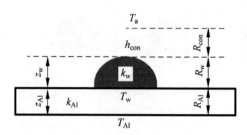

图 2-7　铝板与空气传热过程

（对于空气，在实验工况下取 0.707）。

在实验极限工况下，空气与实验铝板下表面之间的温差 $\Delta T_{\text{air-Al}}$ 约为 40℃，由此得到 $Ra \approx 0.349 \times 10^4$，对应的平均努塞尔数 $\overline{Nu} = 2.658$，平均对流换热系数为 $h_{\text{con}} = \overline{Nu} \cdot k/L = 6.38 \ \text{W}/(\text{m}^2 \cdot \text{K})$。杨世铭和陶文铨[176]给出的空气自然对流换热系数范围为 $1 \sim 10 \ \text{W}/(\text{m}^2 \cdot \text{K})$，Incropera 等[177]给出的气体自然对流时的换热系数为 $2 \sim 25 \ \text{W}/(\text{m}^2 \cdot \text{K})$，上述计算所得平均对流换热系数均在文献给出的范围内。

采用式（2-2）计算得到铝板上、下表面温差 ΔT_{Al} 为 0.001℃。即使在铝板上没有水滴覆盖的区域，铝板上、下表面的温差为

$$\Delta T_{\text{Al}} = \frac{h_{\text{con}}}{2.37 \times 10^5 + h_{\text{con}}} \Delta T_{\text{air-Al}} \tag{2-4}$$

从而计算得到 $\Delta T_{\text{Al}} = 0.0011$℃。由此可见，由于铝板较高的导热系数和较小的厚度，以及冷面朝上时较弱的自然对流，铝板上、下表面的温差几乎可以忽略不计。同时考虑到铝板较高的热扩散系数，在铝板缓慢降温的瞬态过程中，其上、下表面的温差也很小。为定量分析，选取实验典型工况（水滴体积 20 μL，环境温度 10℃、15℃和 20℃，铝板下表面从 0.5℃开始以 -1℃/min 的速率缓慢降温），利用 Fluent 软件进行流固耦合数值模拟，对应的物理模型如图 2-8 所示。

图 2-9(a)所示为不同的环境温度下水滴顶点（A 点）处的温度随时间的变化，可以看出，水滴顶点温度受环境温度影响较小，由此可知，水滴内部的温度也几乎不受环境温度的影响。图 2-9(b)分别表征了铝板上、下表面的平均温度，以及水滴内部 1/3 高度（C 点）、1/2 高度（B 点）和顶点（A 点）处的温度随时间的变化关系。可以看出，在实验典型工况（环境温度 15℃）下，瞬态降温过程中铝板上、下表面的平均温差 $\Delta T_{\text{Al}} < 0.001$℃。此处，瞬态时的温差比稳态时的小，主要是由于换热系数的计算方法稍有不同，但是二者都说明了铝板上、下表面的温差很小。

综合上述分析,无论是在稳态还是瞬态降温过程中,由铝板上、下表面的温差引起的实验误差均可忽略。因此在数据处理中,都直接将实验测量的铝板下表面温度近似认为是铝板上表面温度(水滴底部的温度)。

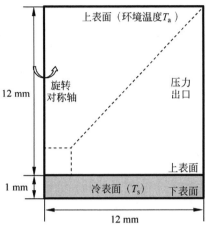

图 2-8 数值模拟对应的物理模型

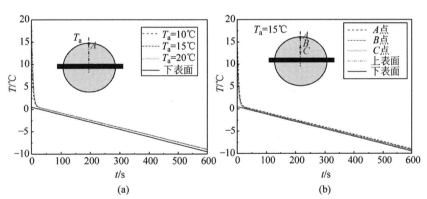

图 2-9 铝板下表面以 $-1\,\text{℃}/\text{min}$ 的速率缓慢线性降温过程中的水滴和
铝板的温度变化(见文前彩图)

(a) 不同环境温度;(b) 不同位置

(2)水滴内部温差

同样采用热阻法分析,可获得水滴内部的温差为

$$\Delta T_{\text{w}} = \frac{\dfrac{z_{\text{w}}}{k_{\text{w}}}}{\dfrac{1}{h_{\text{con}}} + \dfrac{z_{\text{Al}}}{k_{\text{Al}}} + \dfrac{z_{\text{w}}}{k_{\text{w}}}} \Delta T_{\text{air-Al}} \qquad (2\text{-}5)$$

在稳态过程中,代入极限实验工况参数,计算得到水滴内部的温差 $\Delta T_{\mathrm{w}}=0.804℃$。在瞬态过程中,从图 2-9(b)可以看出,线性降温过程中水滴顶部和底部的温差 $\Delta T_{\mathrm{w}}<0.5℃$。以上分析表明水滴内部虽然存在一定的温差,但温差较小,可近似认为温度场均匀。

2.2　表面制备与表征

2.2.1　不同接触角表面的制备方法

由于制备表面不是本书的核心工作,主要用于探索表面特性对实验结果的影响规律,因此采用比较成熟的涂层法来制备具有不同接触角的表面。所有表面均采用在铝板(厚度为 1 mm)上喷涂涂层的方法制备,实验中制备了超亲水(Surf.1)表面、亲水(Surf.2,裸铝)表面、低疏水(Surf.3)表面、高疏水(Surf.4)表面和超疏水(Surf.5)表面共 5 种表面。其中,超亲水、低疏水和超疏水涂层的主要成分为纳米二氧化硅(SiO_2),购自常州市纳罗可涂料有限公司(Changzhou Nanocoatings Co.,Ltd.),高疏水涂层的主要成分为聚四氟乙烯(PTFE),购自大金氟化工(中国)有限公司(Daikin Fluorochemicals (China) Co.,Ltd.)。

采用涂层法制备表面的具体步骤包括:①表面清洗,将分别装有无水酒精和去离子水的烧杯放入超声波清洗器中,先用无水酒精洗涤铝表面 5 min,除去表面的油污等,然后用去离子水清洗 5 min,取出表面后自然晾干;②表面喷涂,将涂层溶液混合均匀,并用喷枪或毛刷均匀地喷涂在铝表面上,自然放置至表面溶液完全挥发;③涂层烘烤,将附有涂层的表面放入烤箱中,在 $100\sim200℃$ 下烘烤 20 min,取出表面后自然冷却至室温;④表面测试,利用表面接触角测量仪测量表面不同位置的接触角,评估表面润湿性和均匀性。

2.2.2　表面表征与润湿性测量

为了准确地获得表面涂层的元素组成和微观结构,分别利用 X 射线能谱仪(XPS,AEM PHI5300)和扫描电子显微镜(SEM,ZEISS MERLIN Compact)对表面进行测量,图 2-10(a)为测量结果。同时,利用原子力显微镜(AFM,Bruker Dimension FastScan)测量表面的粗糙度,结果如图 2-10(b)所示。从图 2-10(a)中的元素组成可以看出,超亲水表面 Surf.1 和超疏水表

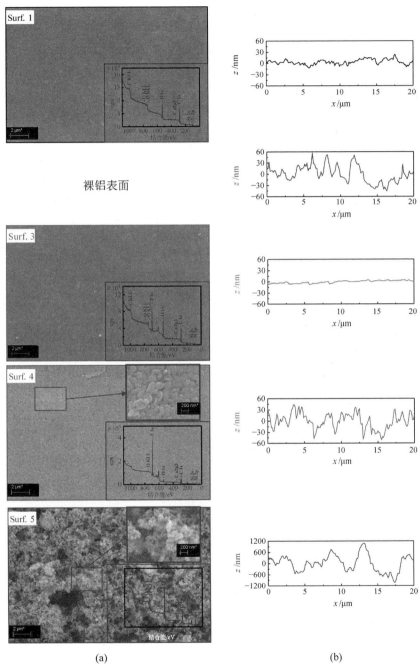

(a)   (b)

图 2-10 表面微观结构、元素组成和表面粗糙度（见文前彩图）

（a）表面微观结构与元素组成；（b）表面粗糙度

面 Surf. 5 涂层的主要元素中包含 Si,低疏水表面 Surf. 3 涂层的主要元素中包含 Si 和 F,高疏水表面 Surf. 4 涂层的主要元素中包含 F,这与所购买涂层的成分相吻合。结合表面微观结构和粗糙度可以看出,超亲水表面 Surf. 1 与低疏水表面 Surf. 3 的结构很相似,粗糙度都低于 10 nm,但是二者却表现出了亲水和疏水的区别,这主要是由于制备低疏水表面 Surf. 3 的涂层中包含低表面能的 F;同样,裸铝表面 Surf. 2 与高疏水表面 Surf. 4 的表面结构也相似,表面粗糙度低于 20 nm,也因为高疏水表面上存在低表面能的 F 而表现出疏水性;对比超亲水表面 Surf. 1 和超疏水表面 Surf. 5,虽然二者的主要组成元素都包含高表面能的 Si,但是表面微观结构和粗糙度却差别巨大。由超疏水表面 Surf. 5 的扫描电镜图可以明显看出,由于纳米 SiO_2 的堆积作用,表面上形成了微米级的沟壑与凹坑,由此形成的微纳多级结构在给超疏水表面 Surf. 5 带来较大粗糙度($Ra=363.1$ nm)的同时也带来了超疏水特性。

　　采用接触角测量仪(JC2000C1,精度 $\pm1°$)测量所制备表面的静态接触角、前进角和后退角,测量环境温度为室温。为了减小重力对测量结果的影响,测量所用去离子水的体积均为 $2~\mu L$。图 2-11 为静态接触角的测量结果,表 2-1 所示为所制备表面的表面特性概述。由于采用缓慢加减液法测量表面的前进角和后退角,而超亲水表面 Surf. 1 上水滴铺展速度太快,超疏水 Surf. 5 表面上水滴铺展太困难,因此二者的前进角和后退角的测量值存在一定的误差。

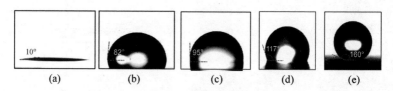

(a)　　　　　(b)　　　　　(c)　　　　　(d)　　　　　(e)

图 2-11　静态接触角

(a) Surf. 1;(b) Surf. 2;(c) Surf. 3;(d) Surf. 4;(e) Surf. 5

表 2-1　所制备表面的表面特性概述

表面编号	涂层	静态接触角/(°)	前进角/(°)	后退角/(°)	接触角滞后/(°)	表面粗糙度 Ra/nm
Surf. 1	超亲水纳米 SiO_2	10	15	5	约 10	8.3
Surf. 2	裸铝表面	82	100	39	61	17.4
Surf. 3	疏水纳米 SiO_2	95	114	75	39	2.7
Surf. 4	疏水聚四氟乙烯(PTFE)	117	129	88	41	17.6
Surf. 5	超疏水纳米 SiO_2	160	165	155	约 10	363.1

2.3　数值模拟方法

虽然本书进行实验时对工况进行了一定的设计,但是由于实验过程的不确定性,在开展大量实验进行定量探索研究时,某些因素的影响规律很容易被干扰。相比之下,采用数值模拟则更容易定量控制工况,并且能够克服实验测量方法耗时长、成本高等弱点,有利于开展定量影响规律的分析研究。为此,本书在各部分的研究内容中都穿插一定的数值模拟,用于开展定量分析。

2.3.1　VOF 多相流模型

本书采用 Fluent 中的 VOF 模型来处理冰、水和空气多相共存的问题,它是一种多相流模拟中常用的表面跟踪方法,适用于模拟明显存在分界面的流动[178]。

在 VOF 模型中,计算域内的不同流体组分在模拟过程中共用一套动量控制方程,每个控制体内各流体组分所占有的体积分数定义为[87]

$$\alpha_p = \frac{\text{第 } p \text{ 相流体的体积}}{\text{控制体的总体积}} \tag{2-6}$$

其中,$\alpha_p = 0$ 代表控制体内不含有第 p 相流体,$\alpha_p = 1$ 代表控制体内充满第 p 相流体;$0 < \alpha_p < 1$ 代表控制体内包含第 p 相流体和其他相流体,且 $\sum \alpha_p = 1$。

本书的数值模拟由于只涉及空气($p = 1$)和水(冰)($p = 2$)两相,因此式(2-6)可简化为

$$\alpha_1 = \begin{cases} 1, & \text{控制体内只有空气} \\ 0 \sim 1, & \text{控制体内有水(冰)和空气} \\ 0, & \text{控制体内只有水(冰)} \end{cases} \tag{2-7}$$

且 $\alpha_1 + \alpha_2 = 1$。

各组分体积分数的连续性方程为

$$\frac{1}{\rho_p} \left[\frac{\partial}{\partial t}(\alpha_p \rho_p) + \nabla \cdot (\alpha_p \rho_p \boldsymbol{v}_p) \right] = 0 \tag{2-8}$$

不同的流体组分共用一套动量方程为

$$\frac{\partial}{\partial t}(\rho \boldsymbol{v}) + \nabla \cdot (\rho \boldsymbol{v} \boldsymbol{v}) = -\nabla p + \nabla \cdot \left[\mu (\nabla \boldsymbol{v} + \nabla \boldsymbol{v}^T) \right] +$$

$$\rho \boldsymbol{g} + \boldsymbol{F}_{vol} + \boldsymbol{S}_M \tag{2-9}$$

其中,$\boldsymbol{F}_{\text{vol}}$ 和 $\boldsymbol{S}_{\text{M}}$ 分别是由气液表面张力和结冰相变引入的动量方程源项。

不同的流体组分共用一套能量方程为

$$\frac{\partial}{\partial t}(\rho h_{\text{total}}) + \nabla \cdot (\rho \boldsymbol{v} h_{\text{total}}) = \nabla \cdot (k \nabla T) + S_{\text{E}} \qquad (2\text{-}10)$$

其中,$h_{\text{total}} = \sum_p \alpha_p \rho_p h_{\text{total},p} \Big/ \sum_p (\alpha_p \rho_p)$ 为控制体的各相的加权总焓值,包括显焓和相变潜热(参考 2.3.2 节);S_{E} 是能量方程源项,由于本书数值模拟的相变模型已将潜热考虑在总焓值中,因此 $S_{\text{E}} = 0$。

需要注意的是,式(2-9)和式(2-10)中涉及的物性参数都是指控制体内的加权有效物性参数,即

$$\begin{cases} \rho = \sum_p \alpha_p \rho_p \\ \mu = \sum_p \alpha_p \mu_p \\ k = \sum_p \alpha_p k_p \end{cases} \qquad (2\text{-}11)$$

采用 Brackbill 等[179]提出的连续表面张力(continuum surface force,CSF)模型来计算气液两相流之间的相互作用,由此在动量方程中引入的体积力源项为

$$\boldsymbol{F}_{\text{vol}} = \sigma \frac{\rho \kappa_p \nabla \alpha_p}{(\rho_p + \rho_j)/2}, \quad j \neq p \qquad (2\text{-}12)$$

其中,$\kappa_p = \nabla \cdot \boldsymbol{n}$ 为界面的曲率($\boldsymbol{n} = \nabla \alpha_p / |\nabla \alpha_p|$ 为单位法向量)。

在壁面处,定义壁面接触角 θ_{wall},则壁面附近的界面法向量 $\boldsymbol{n}$ 与壁面的法向量 $\boldsymbol{n}_{\text{wall}}$ 和切向量 $\boldsymbol{t}_{\text{wall}}$ 应满足

$$\boldsymbol{n} = \boldsymbol{n}_{\text{wall}} \cos\theta_{\text{wall}} + \boldsymbol{t}_{\text{wall}} \sin\theta_{\text{wall}} \qquad (2\text{-}13)$$

2.3.2　凝固/融化相变模型

本书的相变模型采用 Fluent 中凝固/融化(solidification/melting)模型,利用焓—多孔介质(enthalpy-porosity)技术处理等温或发生在一定温度内的凝固和融化问题,通过计算每个单元内的热焓平衡来确定流体的液态分数,液态分数为 0~1 的区域为糊状区[180]。当流体完全凝固时,液态分数为 0,糊状区的多孔度和速度也变为 0,这与本书后面的实验观察结果在一定程度上是符合的。

在凝固/融化模型中,材料的总焓 h_{total} 由热力学显焓 h 和一定液态分数下固液混合物的潜热 h_{latent} 来计算,即

$$h_{total} = h + h_{latent} \tag{2-14}$$

其中,显焓 h 的定义为

$$h = h_{ref} + \int_{T_{ref}}^{T} c \, dT \tag{2-15}$$

其中,h_{ref} 为参考状态的显焓值;T_{ref} 为参考状态的温度;c 为定压比热容。一定液态分数下固液混合物的潜热 h_{latent} 定义为

$$h_{latent} = \alpha_{liquid} L_{mix} \tag{2-16}$$

其中,L_{mix} 为相变材料的潜热;α_{liquid} 为相变区域内的液态分数,定义为

$$\alpha_{liquid} = \begin{cases} 0, & T \leqslant T_{solid} \\ \dfrac{T - T_{solid}}{T_{liquid} - T_{solid}}, & T_{solid} < T < T_{liquid} \\ 1 & T \geqslant T_{liquid} \end{cases} \tag{2-17}$$

其中,固化温度 $T_{solid} = T_F - \Delta T_F/2$;液化温度 $T_{liquid} = T_F + \Delta T_F/2$,$T_F$ 为相变温度(凝固点),ΔT_F 为选定的一个很小的相变区间,可用于平滑随温度变化而变化的物性参数,防止计算发散。物性参数随温度的变化为

$$X = \begin{cases} X_i, & T \leqslant T_{solid} \\ (1 - \alpha_{liquid}) X_i + \alpha_{liquid} X_{mix}, & T_{solid} < T < T_{liquid} \\ X_{mix}, & T \geqslant T_{liquid} \end{cases} \tag{2-18}$$

其中,X 表示比热容 c 或热导率 k;下标 i 和 mix 分别表示冰和冰水混合物,如图 2-12 所示。

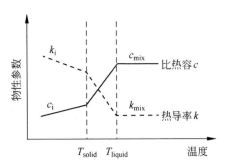

图 2-12 物性参数随温度的变化

此外,凝固/融化模型将相变区域视为多孔介质,其内部的流动满足多孔介质内流动的达西(Darcy)定律,且符合 Carman-Koseny 假设,因此其相变过程引入的动量方程源项 $\boldsymbol{S}_\mathrm{M}$ 为[180]

$$\boldsymbol{S}_\mathrm{M} = \frac{\left(1 - \alpha_\mathrm{liquid}\right)^2}{\alpha_\mathrm{liquid}^3 + \varepsilon} A_\mathrm{mush} \boldsymbol{v} \qquad (2\text{-}19)$$

其中,ε 为一个极小值,是为了防止 α_liquid 为 0 时分母为 0;A_mush 为糊状区系数,与相变区域多孔介质的孔隙率有关,因此与相变条件有关系。合理地选择 A_mush 值,可以让流体在液态时保持较高的流动性,而在固态时抑制其流动,使模拟结果与实际结果更加接近。将式(2-19)代入式(2-9)中,可以发现,当流体为液态时,$\alpha_\mathrm{liquid} = 1$,动量源项为 0,动量方程即可简化为常规流体的 N-S 方程;当液态流体开始凝固时,α_liquid 逐渐减小,动量源项逐渐增大,在动量方程中所起的作用逐渐超过瞬态项、对流项和扩散项;当其完全变为固态后,源项几乎为无穷大,此时流体内部的速度几乎减小为 0。

2.3.3　动态接触角模型

2.3.1 节最后提到了壁面接触角,最简单的处理方式是在数值模拟的过程中将壁面接触角设置为表面的静态接触角,或者在铺展过程中设置为前进角,在收缩过程中设置为后退角。上述处理方法适用于绝对光滑的理想壁面条件,实际表面存在一定的粗糙度,使得其具有一定的接触角滞后(见图 2-13)[181],且三相线处的表观速度不同时,往往表现出不同的表观动态接触角。由此,前人的研究中给出了不同的动态接触角模型用于描述三相线速度与表观动态接触角的关系。

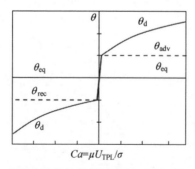

图 2-13　表观动态接触角与毛细数(三相线速度)的关系

Hoffman[182] 提出了连续的 Hoffman 函数用于描述动态接触角:

$$\theta_\mathrm{d} = f_\mathrm{Hoff}(Ca) \qquad (2\text{-}20)$$

其中，$Ca = \mu U_{TPL}/\sigma$ 为毛细数，U_{TPL} 为三相线的表观速度；f_{Hoff} 为 Hoffman 函数，其具体形式为

$$f_{Hoff} = \arccos\left\{1 - 2\tanh\left[5.16\left(\frac{x}{1 + 1.31x^{0.99}}\right)^{0.706}\right]\right\} \quad (2\text{-}21)$$

在此基础上，Kistler[183] 考虑接触角滞后效应，进一步完善了上述动态接触角模型：

$$\theta_d = f_{Hoff}\left[Ca + f_{Hoff}^{-1}(\theta_{eq})\right] \quad (2\text{-}22)$$

其中，θ_{eq} 对于铺展和收缩过程具有不同的数值：

$$\theta_{eq} = \begin{cases} \theta_{adv}, & U_{TPL} > 0 \\ \theta_{rec}, & U_{TPL} < 0 \end{cases} \quad (2\text{-}23)$$

Kistler 动态接触角模型如果都用 Hoffman 的反函数形式表示，可以写为

$$f_{Hoff}^{-1}(\theta_d) - f_{Hoff}^{-1}(\theta_{eq}) = Ca \quad (2\text{-}24)$$

与式(2-24)形式类似，许多研究者也提出了类似的动态接触角模型，总结在表 2-2 中。

表 2-2　动态接触角模型

模 型 名 称	表 达 式
Hoffman[182]	$\theta_d = f_{Hoff}(Ca)$
Kistler[183]	$f_{Hoff}^{-1}(\theta_d) - f_{Hoff}^{-1}(\theta_{eq}) = Ca$
Hoffman-Voinov-Tanner[184]	$\theta_d^3 - \theta_{eq}^3 \cong c_T Ca$
Jiang[185]	$\dfrac{\cos\theta_{eq} - \cos\theta_d}{\cos\theta_{eq} + 1} = \tanh(4.96 Ca^{0.702})$
Bracke[186]	$\dfrac{\cos\theta_{eq} - \cos\theta_d}{\cos\theta_{eq} + 1} = 2Ca^{0.5}$
Seebergh[187]	$\dfrac{\cos\theta_{eq} - \cos\theta_d}{\cos\theta_{eq} + 1} = 2.24 Ca^{0.54}$
Blake[188]	$V = \dfrac{2K_w\lambda}{\mu}\sinh\left[\dfrac{\sigma}{2nk_B T}(\cos\theta_{eq} - \cos\theta_d)\right]$

在不同的接触角处理方法中，表观动态接触角与毛细数（三相线速度）的关系如图 2-13 所示。很显然，相比于直接采用静态接触角，或者铺展过程采用前进角，收缩过程采用后退角，动态接触角模型更能体现实际过程中表观动态接触角与三相线速度的关系。对比表 2-2 中几种动态接触角模

型,Hoffman 模型[182]未考虑实际表面的接触角滞后,Hoffman-Voinov-Tanner[184]、Jiang[185]、Bracke[186]、Seebergh[187]等提出的模型可看作 Kistler 模型的具体简化经验式,Blake 模型[188]虽然是从三相线处的润湿机理出发,但是部分参数确定起来比较困难。因此,在本书的数值模拟中,统一采用 Kistler 动态接触角模型[183]来处理表观动态接触角与三相线速度的关系。借助 Fluent 中的 UDF 文件,将此模型施加在壁面接触角上,可以在模拟的过程中根据三相线处的流场速度,实时动态调整壁面接触角。

2.4　本章小结

　　本章首先介绍了可用于开展静置过冷水滴结冰实验、常温水滴碰撞实验和过冷水滴碰撞结冰实验的装置,实验系统主要包括环境控制系统、制冷系统、水滴发生系统、温湿度采集系统、图像采集系统和实验段 5 个子系统,详细介绍了各子系统的主要实验设备、型号和参数等。此外,介绍了实验中用到的温/湿度数据和图像数据处理方法,并分析了实验温度数据的测量误差。

　　其次,介绍了采用涂层法制备的超亲水、亲水(裸铝)、低疏水、高疏水和超疏水 5 种表面,包括其制备方法、表面表征和润湿性测量。制备方法主要包括清洗、喷涂、烘烤和测试 4 步;表面特征方面,采用 X 射线能谱仪测量了涂层的元素组成,采用扫描电子显微镜测量了表面微观结构,采用原子力显微镜测量了表面的粗糙度;润湿性测量方面,采用接触角测量仪测量了表面的静态接触角、前进角和后退角。

　　最后,介绍了在过冷水滴结冰与碰撞相关研究中用到的数值模拟方法,包括用于处理多相流问题的 VOF 模型,用于处理结冰相变问题的凝固/融化模型,以及处理三相线问题时动态接触角模型的选择与实现。

第 3 章　壁面静置过冷水滴的成核再辉特性

第 2 章介绍了开展过冷水滴结冰与碰撞研究的实验台、表面制备工作以及数值模拟方法,本章和第 4 章将以此为基础,依照第 1 章中的研究内容框架,主要围绕静置过冷水滴的结冰开展研究。文献[5]、文献[7]和文献[34]～文献[40]中将单个静置过冷水滴的结冰过程细分为过冷、成核、再辉、冻结和冷却 5 个阶段,而成核实际上是再辉的起点,通常可将二者合并为一个阶段,因此本章主要围绕过冷水滴的成核阶段与再辉阶段进行研究。首先介绍静置过冷水滴结冰与融化过程的基本特征,然后基于统计学方法定量分析过冷水滴成核的统计特性,包括成核温度和成核率。虽然文献中对于成核过程的随机性已经有了一定的研究,但是对于其体积效应和时间效应较少涉及,对此本章也将重点关注。最后,本章将基于能量平衡对成核再辉阶段后的水滴参数进行定量计算。

3.1　水滴结冰与融化的实验

3.1.1　水滴的结冰过程

由于本章和第 4 章的研究内容都围绕静置过冷水滴的结冰展开,因此首先需要确认水滴开始结冰前的过冷状态。为此,先开展静置水滴结冰的实验,并采用热电偶(直径为 0.127 mm)测量水滴内部的温度变化,如图 3-1 所示,同时采用高速相机从侧面拍摄水滴结冰过程中的轮廓和相界面变化。实验表面为亲水裸铝表面,见表 2-1 中的 Surf.2(39°/100°),实验工况为环境温度(15.0±1.0)℃和相对湿度(20±5)%,热电偶的温度采集时间间隔为 0.5 s,水滴体积为 20 μL。

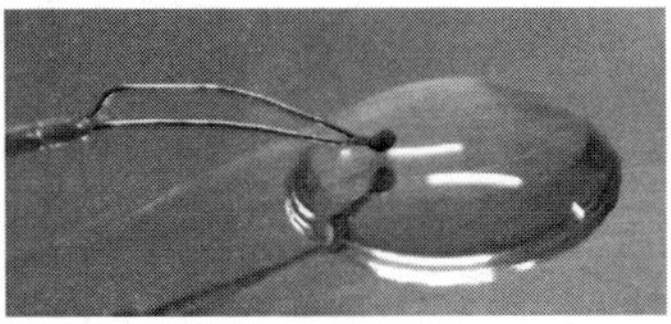

文献中观察到的成核再辉过程大多在毫秒量级[45],因此采用高速相机拍摄水滴的结冰过程时,如果需要清晰地观察水滴内部的成核再

图 3-1　水滴冻结过程中的温度测试

辉过程，需要将高速相机的拍摄速率设置为 1000 fps 左右。同时，考虑到水滴结冰成核触发温度的不确定性，以及成核再辉后的冻结阶段时间基本上都是十几秒，受限于高速相机的存储和拍摄时长，实验中将高速相机的拍摄速率设置为 500 fps，同时将冷表面降温速率控制在－0.6℃/s 左右。实验中获得的水滴内部温度变化曲线和结冰过程分别如图 3-2 和图 3-3 所示。

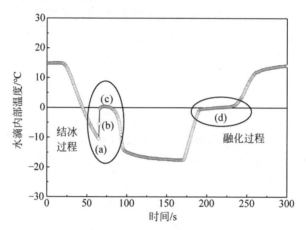

图 3-2　静置水滴结冰与融化过程的温度曲线

成核时间 65.0 s，成核温度－10.6℃

(a) 成核；(b) 再辉；(c) 冻结；(d) 融化

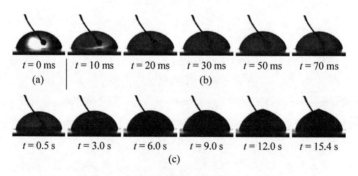

$t = 0\,\text{ms}$ $t = 10\,\text{ms}$ $t = 20\,\text{ms}$ $t = 30\,\text{ms}$ $t = 50\,\text{ms}$ $t = 70\,\text{ms}$

(a)　　　　　　　　　　　(b)

$t = 0.5\,\text{s}$ $t = 3.0\,\text{s}$ $t = 6.0\,\text{s}$ $t = 9.0\,\text{s}$ $t = 12.0\,\text{s}$ $t = 15.4\,\text{s}$

(c)

图 3-3　实验拍摄的静置水滴结冰过程

成核温度－10.6℃

(a) 成核；(b) 再辉；(c) 冻结

需要注意的是，图 3-2 中的时间轴以开始降温的时刻为起点，图 3-3 中的时间轴以发生成核的时刻为起点。将图 3-2 和图 3-3 的物理时间轴对应后,可以看出,实验结果与文献中描述的结果类似。

从图 3-2 中的温度曲线来看,随着冷面温度的降低,水滴内部的温度也会逐渐降低,当水滴达到其凝固点(44.5 s)时,水滴并没有立即开始结冰。在水滴发生成核(65.0 s,见图 3-2(a))之前,水滴内部的温度(−10.6℃)已经明显低于其凝固点(0℃),因此水滴结冰前处于过冷态,需要达到一定的过冷度之后才会发生成核(见图 3-2(a))和再辉(见图 3-2(b))。

如图 3-3 所示,整个成核再辉过程持续的时间只有几十毫秒(见图 3-3(b)),不会超过 100 ms。成核再辉发生后(70 ms),水滴内部的透光性变差,但是依然是均匀的,表明水滴内部形成了均匀的冰水混合物,同时水滴内部的温度恢复到凝固点。在过冷水滴结冰的冻结阶段,水滴内部的温度一直维持在凝固点 0℃(见图 3-2(c)),同时冰水相界面在冷表面的持续驱动下,逐渐从水滴底部向顶部推进(见图 3-3(c))。在水滴完全冻结之后,水滴内部的温度又开始缓慢降低,直到与冷面温度保持相同。

在图 3-2 的温度曲线中,过冷水滴的整个结冰过程从 65.0 s 大约持续到 81.5 s,即结冰持续时间为 16.5 s,与图 3-3 中高速相机获得的水滴结冰时间 15.4 s 基本吻合。过冷水滴的冻结阶段大概持续几秒到几十秒,与成核再辉阶段的几十毫秒相比,后者的持续时间几乎可以忽略,因此在第 4 章中对过冷水滴的结冰过程建立理论模型和进行数值模拟时,可以将过冷效应引起的成核再辉阶段转化为初始条件来考虑。

从图 3-3 可以看出,由于高速相机的拍摄帧速率设置较高,曝光时间较短,整个结冰过程的实验图像整体亮度比较暗,为了获得更加准确和清晰的水滴轮廓,尤其是冻结阶段中水滴的轮廓变化,从而对过冷水滴的结冰过程进行定量分析,需要尽量降低拍摄速率。同时,为了减小水滴内部插入的热电偶对轮廓提取和成核触发的影响,后续的定量实验研究不采用热电偶而是直接测量水滴内部的温度。2.1.3 节的误差分析中已经提到,如果将冷面的降温速率降至 −1℃/min,实验铝板上、下表面的温度差可忽略,水滴内部的温差也较小,由此可将实验测量的铝板下表面温度作为实验工况的冷面温度。对于图 3-3 中 20 μL 的水滴,整个结冰过程持续 15.4 s,在降温速率为 −1℃/min 时对应的冷表面温度变化大约为 0.25℃,因此可以近似认为整个结冰过程中冷面温度恒定,取整个结冰过程的时间平均温度作为冷面工况温度 $T_s = T_N + 0.25℃/2$,其中 T_N 为成核温度。在 −1℃/min 的缓慢降温速率下,过冷水滴成核触发的不确定性会对高速相机的拍摄时长提出更高的要求。综合考虑成核温度的不确定性、缓慢的降温速率、结冰过程的时间尺度、实验图像的亮度和拍摄时长的限制,将高速相机的拍摄速率调整为 20 fps。

将冷面的线性降温速率调节为 $-1℃/min$,再次在亲水裸铝表面 Surf.2 ($39°/100°$)上进行静置过冷水滴的结冰实验,图 3-4 为冷面温度 T_s 为 $-18.4℃$ 时实验获得的 20 μL 过冷水滴的结冰过程。可以看出,0.1 s 时刻过冷水滴内部已完成成核再辉阶段,整个结冰过程持续 11.7 s,最终在水滴顶部形成锥形尖端,其顶角大约为 $140°$。该结果与 Marín 和 Enríquez 等[61-62]得到的实验结果一致:水滴最终的冻结尖端在($139±8$)°,并且 Ismail 和 Waghmare[64]进一步实验发现此尖端角度与表面润湿性和温度无关。由于在整个实验过程中冷表面的降温速率保持在 $-1℃/min$,因此在过冷水滴结冰的过程中,冷表面的温度变化小于 $0.2℃$。

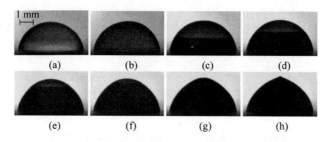

图 3-4 $-18.4℃$ 冷表面上 20 μL 过冷水滴的结冰过程

亲水表面 Surf.2($39°/100°$)

(a) $t=0.0$ s; (b) $t=0.1$ s; (c) $t=2.0$ s; (d) $t=4.0$ s;

(e) $t=6.0$ s; (f) $t=8.0$ s; (g) $t=10.0$ s; (h) $t=11.7$ s

基于图 3-4 中的实验图像,利用图像识别方法,分析获得水滴结冰过程中的轮廓和相界面变化,如图 3-5 所示。结合图 3-4 和图 3-5 可以看到,在冻结阶段,水滴内部的相界面逐渐从底部向上推移,水滴的冻结主要发生在高度方向上,冻结前、后三相线处水滴的接触角几乎保持不变。在 10.0 s 时(见图 3-4(g)),冰水相界面接近水滴顶部且变得不可见,但最终在 11.7 s 时(见图 3-4(h))水滴才完全冻结,并形成角度约为 $140°$ 的冻结尖端。

假设图 3-5 中的水滴轮廓近似为旋转对称,对其进行积分可得到水滴结冰过程中的体积和高度变化,如图 3-6 所示。从图 3-6(a)可以看出,在整个结冰过程中,水滴的体积和膨胀率都逐渐增大,但是变化率逐渐变缓。主要原因是随着时间的推移,水滴内部下方冰层的厚度逐渐增加,导致传热热

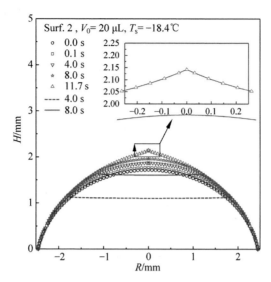

图 3-5　−18.4℃冷表面上 20 μL 过冷水滴结冰过程中的轮廓和相界面变化（见文前彩图）

亲水表面 Surf.2(39°/100°)

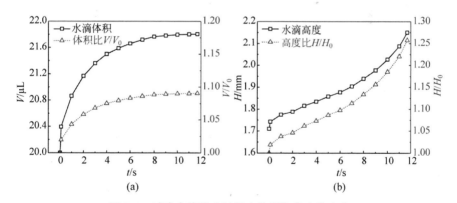

图 3-6　过冷水滴结冰过程中体积和高度的变化

水滴体积 20 μL，亲水表面 Surf.2(39°/100°)，表面温度−18.4℃

(a) 水滴体积；(b) 水滴高度

阻增大，因此减慢了冰相的形成。水滴完全冻结后(11.7 s)，体积从 20 μL 膨胀为 21.81 μL，最终的体积膨胀率为 1.091，满足从水到冰的密度变化比。从图 3-6(b)可以看出，整个结冰过程中，水滴的高度和高度比也逐渐增加，但是其变化率却逐渐加快，尤其是在冻结快结束的时候。这是由于随着冻结的进行，相界面区域逐渐减小，尤其是在冻结尖端的形成过程中，即使水滴体积只有微小的变化,水滴高度也会急剧增加。水滴完全冻结后(11.7 s),高度从 1.71 mm 变为 2.15 mm,最终的高度比为 1.235。此外,由图 3-6 中可以明显看出,成核再辉阶段完成后(0.1 s),水滴的体积和高度都会发生一个突变,由此也说明成核再辉阶段和冻结阶段的驱动机理不同,前者由过冷度驱动,而后者则由传热驱动。上述关于水滴体积和高度的变化分析也表明,在过冷水滴结冰过程的数值模拟中,需要考虑水滴的体积变化,以获得与实验更接近的模拟结果。

将冷面的线性降温速率设置为 $-1℃/\min$,将高速相机的拍摄速率设置为 20 fps,在亲水裸铝表面 Surf.2(39°/100°)上多次进行 5 μL、10 μL、20 μL 三种不同体积静置过冷水滴的结冰实验,最终得到的成核温度和结冰时间如表 3-1 所示,可以明显地看出,不同体积过冷水滴的成核温度不同,且具有随机性。随着成核温度的降低,结冰时间会逐渐缩短。

表 3-1   不同体积过冷水滴的成核温度和结冰时间

水滴体积 /μL	5	10	10	10	10	20	20
成核温度/℃	−16.0	−19.4	−16.5	−15.2	−13.5	−18.4	−13.5
结冰时间/s	6.0	7.3	8.7	9.1	10.4	11.7	14.5

注:亲水表面 Surf.2(39°/100°)。

3.1.2　已冻结水滴的融化过程

从图 3-2 中可以看出,当切断制冷片的电源时,已冻结水滴的温度会逐渐上升,在再次达到水滴的凝固点后,水滴将开始融化,在整个融化的过程中,水滴内部的温度维持在凝固点 0℃(见图 3-2(d))。融化过程可以简单理解为冻结过程的反过程,但是从二者温度曲线和高速相机拍摄到的实验结果来看,水滴的融化过程与冻结过程相比有一个很明显的不同:融化过程并不需要很大的过热度。图 3-7 给出了同一冷面上 5 μL、10 μL、20 μL 已冻结水滴在温度逐渐升高时的融化过程,可以看出,大小不同的水滴在冷面温度上升的过程中几乎同时开始融化,说明水滴融化的温度并不受水滴体积的影响,此时温度数据中记录的表面温度大约为 0.5℃。水滴的体积越大,其完全融化需要的时间越长,如表 3-2 所示,水滴的融化时间与其体积近似成线性关系。

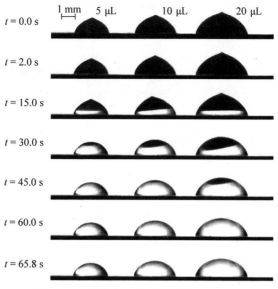

图 3-7　不同体积已冻结水滴的融化过程

表 3-2　不同体积已冻结水滴的融化时间

水滴体积/μL	5	10	20
融化时间/s	38.9	48.9	65.8

在图 3-7 所拍摄的实验图像中,每一时刻的图像都同时包含不同体积的水滴,这主要是为了消除实验条件对水滴融化过程的干扰,进而定量分析水滴体积对于融化起始温度的影响,但是不便于观察单个已冻结水滴融化的细节。为此,将镜头单独聚焦在单个水滴上,图 3-8 给出了单个已冻结水滴融化过程中轮廓和内部相界面随时间的变化,可以看出,水滴的融化也是从底部开始并逐渐向上推移的,当融化进行到 40.0 s 左右时,水滴顶部的尖端以及冰表面的一些突起依然没有融化,由此也说明,相比于水滴与固壁表面之间的导热,水滴表面与空气之间的对流换热很弱。同时,也可以看到冰水相界面实际上是一个曲面。在水滴结冰的过程中,之所以看到的是一个近似平面,主要是由于在结冰过程中相界面下部是不透明的冰,不能看到内部真实的相界面,而在融化过程中,下部则是透明的水,如图 3-9 所示。Marín 等[61]开展了近似二维的水滴结冰实验,可以清晰地看出冰水相界面实际上是一个曲面。此外,还可以看出,在融化的过程中,由于冰的密度比

水小,上部的浮冰受到重力、浮力、表面张力以及由溶解度差异导致冰内部
释放的小气泡的综合作用,在不停地旋转。

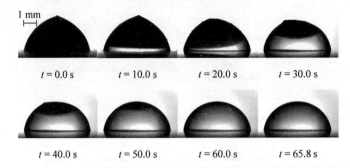

图 3-8   20 μL 已冻结水滴融化过程中的轮廓和内部相界面随时间的变化

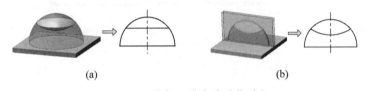

图 3-9   三维与二维水滴融化过程

(a) 三维水滴;(b) 二维水滴

3.2   成核实验与结果分析

3.1.2 节介绍了过冷水滴结冰的基本特征,由过冷水滴结冰过程中的
温度变化曲线(见图 3-2)可以明显地看出,水滴的成核再辉作为水滴结冰
过程的重要起始阶段,其成核温度直接关系到水滴的整个结冰过程。因此,
下面将单独对水滴的成核温度进行研究。如前所述,由于水滴的成核温度
具有随机性(见表 3-1),对单个水滴的成核温度进行研究不具有明显的意
义,因而需要对大量水滴的成核温度进行统计研究。

结合文献[51]中的实验研究方法,通过缓慢降温法,获得大量过冷水滴
的成核温度。具体的实验方法和步骤如下:将冷表面的温度控制在 0.5℃
左右;通过微量注射器,在冷表面放置大量的水滴;利用可编程直流电源
控制制冷片的温度,让其以一定的速率线性缓慢降温,在采集冷面温度数据
的同时,借助摄像机观察过冷水滴的成核再辉阶段;根据成核再辉的时刻,在
采集的温度数据中获得对应时刻的过冷水滴成核温度。本节所有成核实验

的环境工况与 3.1.2 节相同,即环境温度为(15.0±1.0)℃,环境相对湿度为(20±5)%,实验中用到的水滴体积和数量如表 3-3 所示。

表 3-3　实验水滴的体积和数量

水滴体积/μL	体积精度/μL	单次实验水滴数量	实验次数	总水滴数量
1	±0.1	40	10	400
5	±0.2	36	11	396（体积效应）
		36	3	108（时间效应）
10	±0.5	30	13	390

3.2.1　降温速率对成核实验的影响

在正式进行成核实验前,需要确定降温速率对成核过程的影响。结合文献[51]中已有的实践经验,选取 4 种不同的线性降温速率:−4℃/min、−2℃/min、−1℃/min 和 −0.6℃/min,其降温曲线汇总于图 3-10 中。一般而言,水滴的体积越大,水滴内部的温度差越大,降温速率的影响也就越大。为了探究降温速率对成核过程的影响,选取最大体积的 10 μL 水滴作为实验对象。

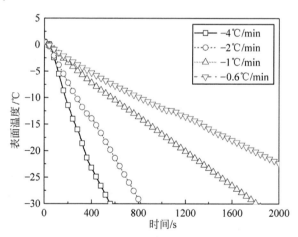

图 3-10　不同降温速率时的降温曲线

在不同降温速率下,水滴的成核实验结果如图 3-11 所示,从图中的散点分布结果可以看出:当降温速率为 −4℃/min 时,测量得到的水滴成核温度明显比其他降温速率条件下的成核温度低。这主要是因为降温速率过快,水滴内部的温度梯度过大,导致水滴内部的温度分布不均匀,虽然水滴底部温度已经很低,但是水滴顶部温度依然较高。降温速率越快,水滴内部的温度梯度越大,将水滴内部的平均温度降低到相同的成核温度时,水滴底部温度与成核温度的差值也就越大。实际实验中测量的是水滴底部的温度,因此得到了较低的成核温度。随着降温速率的减小,不同降温速率下水滴的成核温度差值逐渐减小,降温速率对于成核温度分布的影响也逐渐减小。表 3-4 给出了不同降温速率下水滴的平均成核温度及其标准差,平均成核温度在 $-1℃/min$ 和 $-0.6℃/min$ 两种降温速率时的差值仅为 0.1℃。文献[51]中的实验也表明,对于 10 μL 及更小的水滴,当冷面的降温速率慢于 $-1℃/min$ 时,冷面降温速率对于成核的影响可以忽略。因此,考虑每次实验的时长(太长的实验时间会导致水滴蒸发/表面结霜等),在后续的实验中都采用 $-1℃/min$ 的降温速率。

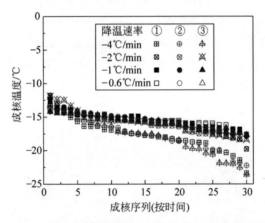

图 3-11   不同降温速率时的成核温度(见文前彩图)

①,②和③分别代表第 1 次、第 2 次和第 3 次实验

表 3-4   不同降温速率下水滴成核温度的平均值和标准差

降温速率/(℃/min)	平均成核温度/℃	标准差/℃
−4	−17.8	2.5
−2	−15.8	1.7
−1	−15.6	1.2
−0.6	−15.5	1.1

3.2.2   系统误差与成核随机性分析

在对成核温度数据进行处理和分析之前,通过系统误差分析来评估冷

表面温度分布、表面缺陷等实际因素对成核随机性的影响。这里使用另外 3 组 10 μL 水滴的成核温度数据进行分析。同时,为了方便后期分析时区分不同位置的水滴,分别对每次实验中用到的 30 个 10 μL 水滴按照从左上角到右下角的顺序依次进行编号,如图 3-12 所示。图 3-12 中的黑色大圆圈 A 称为等温圆,用于分析表面温度分布的均匀性。圆圈 A 内部共有 5 个水滴,如果 9 号水滴下方的表面温度局部过低或过高,不仅 9 号水滴,圆圈 A 内其他位置的 4 号、8 号、10 号和 14 号水滴也会较早或较晚发生成核。所有位置上的水滴成核时间(序列)的随机性可以间接说明实验冷表面温度分布的均匀性。

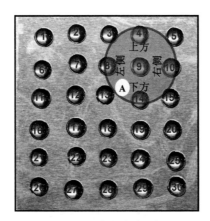

图 3-12　实验中水滴的位置编号

图 3-13 所示为 3 次成核实验中随着冷面温度逐渐降低,水滴的成核位置变化。图 3-13(a)的纵坐标是图 3-12 中标记的水滴位置编号,横坐标是由按照水滴成核先后时间排列的水滴成核序列号,由图中的结果可以看出,水滴成核的位置随着成核序列(按时间排列)随机变化,不存在某一局部位置的水滴总是较早或者较晚发生成核的现象。为了进一步分析不同次实验的相关性,图 3-13(b)中的纵坐标和横坐标分别是不同次实验中水滴的位置编号。图 3-13(b)是基于图 3-13(a)绘制的,对某一个成核序列(按时间排列),存在 3 次实验中对应的成核水滴位置编号,将三者两两组合分别组成纵坐标和横坐标,最终所有的点即构成图 3-13(b)。图 3-13(b)中的 5 条斜线表示纵坐标的水滴位置编号与横坐标的水滴位置编号的差值,差值分别为 0、+1、-1、+5 和-5,分别表示两次实验中,纵坐标水滴成核位置在横坐标水滴成核位置的"相同位置""下方""上方""左侧"和"右侧"。黑色

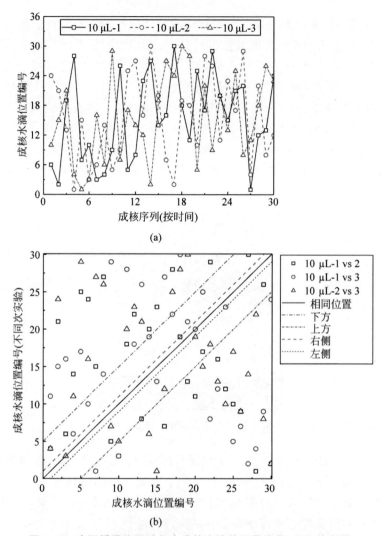

图 3-13　冷面缓慢降温过程中成核水滴的位置编号（见文前彩图）

（a）随成核序列（按时间排列）的变化；（b）不同次实验的位置编号相关性

实线的差值为 0，如果两次实验中相同成核序列号（按时间排列）的水滴具有相同的成核位置编号，则数据点落在该线上。类似地，如果在两次实验中，相同成核序列号（按时间排列）的水滴落在图 3-12 中标记的等温圆 A 上，则数据点将落在其他 4 条线上。如果大多数数据点落在这 5 条线上，则意味着冷面上存在一些特殊区域的局部温度过低或过高，在这些区域内的水滴都较早或者较晚发生成核。图 3-13（b）中所有的点均匀地散布在整个区域,90%以上的数据点都没有落在上述5条线上,并且黑色实线上、下几乎都有一半的数据点。定量计算所有数据点之间的平均相关系数为−0.052,说明两次实验中水滴的成核位置相关性可以忽略不计。这就表明,实验冷面上影响水滴成核的特殊区域几乎不存在,且冷面温度分布、表面缺陷等组成的综合成核条件均匀。

为进一步定量分析成核温度的随机性,图3-14给出了冷面缓慢降温过

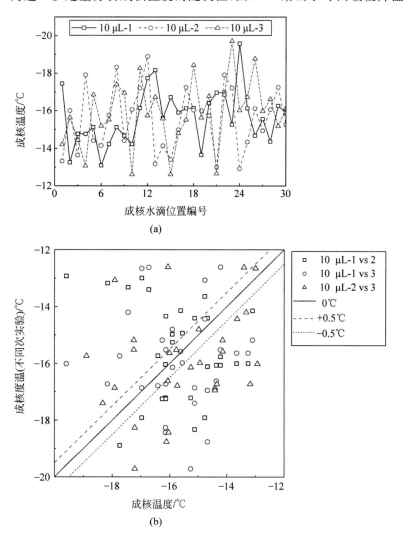

(a)

(b)

图3-14　冷面缓慢降温过程中水滴的成核温度(见文前彩图)

(a) 随水滴位置编号的变化;(b) 不同次实验的成核温度相关性

程中 3 次实验的水滴成核温度数据和各次实验成核温度数据的相关性。图 3-14(a)表明成核温度都是随机的,相同位置的水滴在 3 次成核实验中的成核温度彼此各不相同。图 3-14(b)中没有数据点落在等温线(实线)上,这意味着两次实验中,相同位置的水滴没有相同的成核温度,超过 87% 的数据点对应的两次实验成核温度差值大于 ±0.5℃(虚线和短虚线中间的区域),各有大约一半的数据点位于等温线上、下,所有数据点的平均相关系数为 −0.048。以上结果说明,两次实验中成核温度数据的相关性可忽略不计,水滴的成核温度是随机分布的,冷面条件对成核温度最终统计特性的影响可以忽略。

3.2.3 成核温度与成核率

(1) 成核温度

3.2.2 节中的成核温度分析表明,成核温度具有随机性,对于单个水滴的成核温度分析不具有明显的意义,需采用统计学方法对大量的水滴成核温度进行分析,获得其典型的统计特性。依照表 3-3 中的实验工况,本书开展了大量的水滴成核实验,并对获得的成核温度数据进行了统计分析。

首先,计算所有成核温度的平均值和标准差。然后,以 0.5℃ 为温度间隔,获得成核温度的频率分布直方图和累积分布曲线,即不同温度下的成核概率和已发生成核的水滴比例。接着,选取合适的函数对成核温度分布进行拟合。依照上述步骤,以 10 μL 水滴的成核温度数据为例,图 3-15 给出了其相应的统计特性。结果显示,其平均成核温度为 −15.82℃,标准差为 1.72℃,最大成核概率发生在 −15.75~−16.25℃,平均成核温度的数值也正好落在此范围内。已成核比例(成核温度的累积分布)曲线以及相应的实验图像表明,随着冷面温度的降低,已成核水滴的数量逐渐增加。对于成核温度的频率分布,采用 Matlab R2015b 中的 Anderson-Darling 检测定量评估其是否满足正态分布,最终该检测未能在默认的 5% 显著性水平上拒绝零假设,p 值为 0.1393,由此说明,不同温度下的成核概率分布近似满足正态分布。图 3-15 中的频率分布和累积分布拟合曲线也与实验数据吻合较好,间接支持了上述结论。

采用上述成核温度统计方法,对图 3-11 中的成核温度数据进行定量分析,得到水滴成核温度的累积分布结果如图 3-16 所示。可以看出,随着降温速率的减慢,成核温度的累积分布曲线逐渐重合,由此进一步说明,当降温速率小于 −1℃/min 时,降温速率对成核温度的统计特性无明显影响。

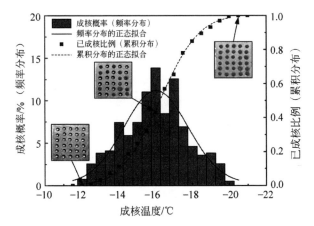

图 3-15　过冷水滴成核温度的统计特征

水滴体积 10 μL

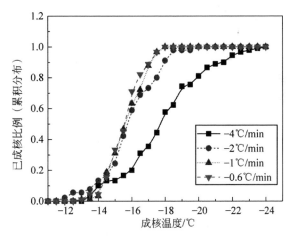

图 3-16　降温速率对成核温度累积分布的影响

（2）成核率

成核温度及其统计特性是过冷水滴成核的宏观表现，可用来计算过冷水滴结冰中冻结阶段的初始条件。微观上的成核特性可用成核率来描述，Seidler 和 Seeley[47]从经典成核理论出发，提出了根据成核温度数据计算成核率的方法。他们将温度分成等间隔区间，以区间中心的温度为代表值，得到成核率的离散分布，并通过连续的成核率函数关联所有离散数据。具体处理方法如下。

　　首先,将成核温度分成等间隔 ΔT_j(本书中 $\Delta T_j = 0.5℃$),T_j 是第 j 个温度间隔的中心温度。然后,计算成核温度在 $[T_j - \Delta T_j/2, T_j + \Delta T_j/2]$ 的水滴数 (n_j)。在每次实验中,冷面的降温速率 r_C 是常数(本书中 $r_C = -1℃/min$),因此第 j 个温度区间的冷却时间是 $\Delta T_j/|r_C|$。假设任意时刻的成核概率在每个(第 j 个)温度区间内相等,则落在 $[T_j - \Delta T_j/2, T_j]$ 和 $[T_j, T_j + \Delta T_j/2]$ 成核温度区间内的水滴数量相同,即 $n_j/2$,由此,T_j 温度时的成核率定义为

$$N(T_j) = \frac{|r_C| n_j}{\Delta T_j \left(\dfrac{n_j}{2} + \sum_{p>j} n_p \right)} \tag{3-1}$$

式(3-1)可用来计算成核率的离散分布,进而用来拟合连续成核率函数。对于冷面上的过冷水滴,经典成核理论[189]给出的异质成核率为

$$N(T) = J_0 \exp\left[\frac{-\Delta G^*(T)}{kT} \right] = J_0 \exp\left[\frac{-\Gamma}{T(T_F - T)^2} \right] \tag{3-2}$$

其中,

$$\Gamma = \frac{16\pi f(\theta) \sigma^3 v_i T_F}{3 L_w k_B} \tag{3-3}$$

其中,J_0 是指前因子;$\Delta G^*(T)$ 是一个临界核的自由能过剩;σ 是表面能;v_i 是冰的比体积;T_F 是凝固点(本书中水的凝固温度为 $0℃$);L_w 是凝固潜热;k_B 是玻耳兹曼常数;$f(\theta)$ 是球冠模型的近似几何因子,即

$$f(\theta) = \frac{(2 + \cos\theta)(1 - \cos\theta)^2}{4} \tag{3-4}$$

式(3-2)的对数形式为

$$\lg[N(T)] = \lg J_0 - \frac{\Gamma}{2.303 T(T_F - T)^2} \tag{3-5}$$

式(3-5)即可用来拟合成核率的连续函数。

3.3　成核特性的影响因素

3.3.1　体积效应

　　图 3-17 给出了 $1~\mu L$、$5~\mu L$ 和 $10~\mu L$ 水滴的成核温度统计结果,图 3-17(a)中的每个数据点为每次实验中每个水滴的成核温度,图 3-17(b)为不同温度

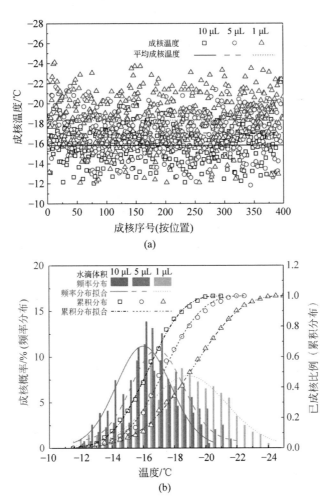

(a)

(b)

图 3-17　水滴体积对成核温度的影响（见文前彩图）

（a）成核温度；（b）概率分布与累积分布

下的成核概率分布和累积分布图。图 3-17(a)的结果进一步表明，过冷水滴中的成核是随机过程，并且成核温度分布在很宽的范围内。随着水滴体积的减小，成核温度的分布范围更加分散，且平均值变得更低。在统计特性上，随着水滴体积的减小，平均成核温度降低而标准差增大，图 3-17(a)中 $10\ \mu L$、$5\ \mu L$ 和 $1\ \mu L$ 大小的水滴的平均成核温度分别为 $-15.82℃$、$-17.04℃$ 和 $-18.33℃$，标准差分别为 $1.72℃$、$1.92℃$ 和 $2.46℃$。由于表面和杂质等因素对水滴成核的影响，所有成核温度都远高于均匀成核温度

$-38℃^{[4]}$。随着水滴体积的减小,概率分布的峰值和累积分布曲线都向低温侧移动,同时概率分布变得更加矮胖。较小的水滴具有较低的平均成核温度,主要是由于水滴内部和固液或气液界面处的临界核心较少,此现象也可以从 Murray 等[190] 提出的描述方程中看出:

$$f_i(T) = 1 - \exp[-K(T)V] \tag{3-6}$$

其中,f_i 是已冻结水滴比例(成核概率累积分布);$K(T)$ 是核谱;V 是水滴体积。式(3-6)表明,在给定的温度下,较大的水滴具有较大的冻结比例。利用结晶动力学中的阿弗拉密(Avrami)方程[191-192] 对式(3-6)进行近似拟合,可得

$$f_i(T) = 1 - \exp(-a_T T^{b_T}) \tag{3-7}$$

利用式(3-7)对不同体积下水滴的成核累积分布进行拟合,结果如图 3-17(b)所示,拟合方程的具体参数见表 3-5。拟合曲线与实验数据在不同水滴体积下都吻合良好。此外,较小的水滴具有更大的成核温度标准差,说明较小水滴的成核受冷表面条件(温度分布、表面缺陷等)的影响更大。

表 3-5　不同体积下成核温度累积分布拟合方程的相关参数

水滴体积/μL	a_T	b_T	R_2
1	6.4374×10^{-3}	3.0033	0.99
5	4.3615×10^{-3}	3.0728	0.99
10	6.0109×10^{-3}	2.6515	0.99

采用 3.2.3 节中介绍的成核数据处理方法计算不同体积水滴在不同成核温度下的成核率,结果如图 3-18 所示,具体参数见表 3-6。所得到的成核率曲线趋势与 Seidle 和 Seeley[47] 的结果类似,具体的参数也接近,间接说明了数据的可靠性。从图 3-18 中可以看出,相比于离散的成核率数据点,连续的成核率函数更能清楚地表达成核率与成核温度之间的关系。

对于给定体积的水滴,成核率随着成核温度的降低而增大,因为在经典成核理论中,更大的过冷度意味着水滴内部和固液或气液界面处存在更多的临界核心,从而有更多的核心可以生长,形成更大的成核率。对于给定的温度,较大的水滴具有较高的成核率,因为它比小水滴具有更多的临界核心和成核点,这也间接给出了较大水滴的成核温度更高的原因。此外,从表 3-6 中可以看出,随着水滴体积的增大,$\lg J_0$ 成倍减小,而 Γ 几乎保持不变,这也与 Γ 的定义式吻合。对于给定的物质和表面特性,Γ 值保持不变,本章中水滴在同一种裸铝表面上发生成核,水滴的性质和表面特性保持相同。

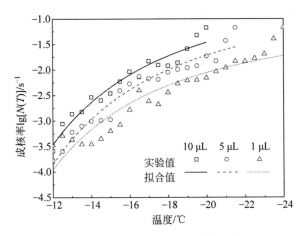

图 3-18　水滴体积对成核率的影响

表 3-6　不同体积下成核率拟合方程的相关参数

水滴体积/μL	$\lg J_0$	Γ/K^3	R^2
1	0.9362	2.6109×10^5	0.87
5	0.4588	2.9353×10^5	0.95
10	0.2830	2.7555×10^5	0.94

3.3.2　时间效应

3.3.1 节分析了水滴体积对成核温度和成核率的影响,所有实验都是在缓慢降温速率下进行的。随着冷面温度缓慢下降,成核过程可以近似为准稳态过程,这意味着降温速率对成核的影响可以忽略不计。然而,当冷面温度恒定时,水滴的成核率还与水滴在冷面上的时间有关,此时便涉及过冷水滴的瞬态成核。

以最快的降温速率(约 -2.0℃/s)分别将冷面温度降低并控制在 -21℃、-17℃和 -13℃左右,每个冷面温度下利用 108 个 5 μL 大小的水滴(每组测试 3 次,每次 36 个)开展成核实验。图 3-19(a)为最终成核时间分布,图 3-19(b)为成核时间的统计概率分布和累积分布。需要说明的是,此处的成核时间指的是从冷面开始降温到发生成核的时间。图 3-19(a)的结果表明,较低的冷面温度对应的成核时间更短(见表 3-7)。冷面温度为 -21℃时,水滴成核开始于 24 s,此时冷面降温过程刚刚完成,并且所有的水滴都在接下来约 1 min 内完成成核;冷面温度为 -13℃时,水滴成核开始于

32 s,并且所有水滴的成核过程持续约 21 min。由此说明,冷面温度明显影响着过冷水滴的瞬态成核。相比于超疏水表面上的成核时间延迟[193-194](几乎为 1000 s),由于裸铝表面为亲水表面,其上的水滴成核开始时间明显短得多。图 3-19(b)的结果表明,随着冷面温度的升高,成核时间的概率分布逐渐向更长的时间方向移动,这与平均成核时间趋势一致。同样采用结晶动力学的 Avrami 方程[191-192]对水滴成核时间的累积分布进行关联拟合:

$$f_i(t) = 1 - \exp(-a_t t^{b_t}) \tag{3-8}$$

相关参数列于表 3-8 中,拟合结果如图 3-19(b)所示,可以看出,拟合曲线与实验结果吻合良好,此关联式(3-8)可用于描述水滴的成核时间分布。

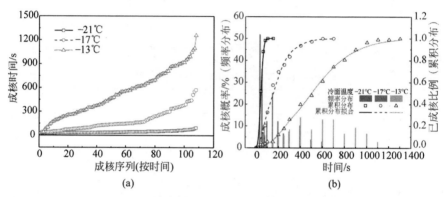

图 3-19　不同冷面温度下的成核时间(见文前彩图)

(a) 成核时间;(b) 概率分布与累积分布

表 3-7　成核时间的统计值

冷面温度/℃	成核时间/s		
	最小值	平均值	最大值
−21	24	44	96
−17	28	178	574
−13	32	523.6	1260

表 3-8　不同冷面温度下成核时间累积分布拟合方程的相关参数

冷面温度/℃	a_t	b_t	R^2
−21	2.2260×10^{-4}	2.3624	0.97
−17	6.0935×10^{-4}	1.4488	0.98
−13	0.1140×10^{-4}	1.8052	0.99

采用 3.2.3 节中成核率的计算方程式,定义时间尺度上水滴的瞬态成核率为

$$N(t_j) = \frac{m_j}{\Delta t_j \left(m_j/2 + \sum_{p>j} m_p \right)} \tag{3-9}$$

其中,j 和 p 为时间间隔序号;t_j 是第 j 个时间间隔 Δt_j 的中心时间;m_j 是成核时间落在 $[t_j - \Delta t_j/2, t_j + \Delta t_j/2]$ 的水滴数。

计算的瞬态成核率结果如图 3-20 所示,可以看出,对于给定的温度,成核率随着时间的推移缓慢增加,由此说明瞬态成核不同于准稳态成核,不能简单地忽略其时间效应。表 3-9 比较了 3 种不同冷面温度下的准稳态和瞬态成核率。所有准稳态成核率都落在瞬态成核率的范围内,既支持了实验数据的可靠性,也表明准稳态成核与瞬态成核存在着间接的联系。

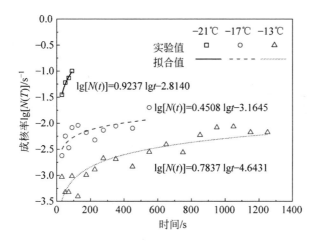

图 3-20　时间对成核率的影响

表 3-9　在不同冷面温度下 5 μL 水滴的准稳态和瞬态成核率

冷面温度/℃	成核率/s^{-1}	
	准稳态过程	瞬态过程
−21	−1.43	−1.46～−1.00
−17	−2.17	−2.63～−1.67
−13	−3.22	−3.41～−2.08

3.4　再辉阶段的理论分析

从 3.1.1 节的实验结果中可以看出,在再辉阶段,水滴体积和物理性质急剧变化,这会明显影响随后的冻结阶段。成核再辉阶段完成后,水滴的体积和物理性质是由内部均匀的冰水混合物中冰与水各自的质量分数决定的。根据实验测量结果,成核再辉阶段后,在凝固潜热的作用下,过冷水滴内部的温度恢复到凝固点 0℃,从而可根据能量平衡来分析冰水混合物中冰相的质量分数。由此,定义水的焓值为

$$
h_w = \begin{cases} h_{w,\mathrm{ref}} + c_{w,T_F}(T - T_{\mathrm{ref}}), & T_{\mathrm{ref}} < T \leqslant T_F \\ h_{w,\mathrm{ref}} + c_{w,T_F}(T_F - T_{\mathrm{ref}}) + \displaystyle\int_{T_F}^{T} c_{w,T}\,\mathrm{d}T, & T > T_F \end{cases}
$$

$$(3\text{-}10)$$

其中,T_{ref} 为参考温度($T_{\mathrm{ref}} < T_F$);T_F 是水的凝固点温度;$h_{w,\mathrm{ref}}$ 是水在 T_{ref} 温度下的焓值;c_{w,T_F} 和 $c_{w,T}$ 是水在温度 T_F 和 T 时的比热容。在成核再辉阶段后,水滴内部的温度从成核温度 T_N 上升到凝固点 T_F,假设此时冰水混合物中冰相的质量分数为 γ_i,则根据能量平衡可得

$$
h_{w,T_N} = h_{i,T_F}\gamma_i + h_{w,T_F}(1 - \gamma_i) \quad \text{或} \quad \gamma_i = \frac{h_{w,T_F} - h_{w,T_N}}{h_{w,T_F} - h_{i,T_F}} \quad (3\text{-}11)
$$

其中,h_{w,T_N} 和 h_{w,T_F} 是在成核温度 T_N 和凝固点 T_F 下水的焓值;h_{i,T_N} 是在成核温度 T_N 下冰的焓值。根据焓值的定义式可得,由温度变化引起的水的焓值变化为

$$
h_{w,T_F} - h_{w,T_N} = c_{w,T_F}(T_F - T_N) \tag{3-12}
$$

同时,凝固潜热可写成

$$
h_{w,T_F} - h_{i,T_F} = L_w \tag{3-13}
$$

由此,可得冰相的质量分数为

$$
\gamma_i = \frac{c_{w,T_F}(T_F - T_N)}{L_w} = \frac{c_{w,T_F}\Delta T}{L_w} \tag{3-14}
$$

其中,$T_F - T_N$ 表示过冷度。此外,冰相的质量分数也可由相变换热中的重要无量纲数——Stefan 数[56]计算得到:

$$
\gamma_i = \frac{c_{w,T_F}}{c_{i,T_F}} St \tag{3-15}
$$

其中,Stefan 数 $St = c_{i,T_F}(T_F - T_N)/L_w$,它是显热与潜热的比值。

利用冰相质量分数 γ_i,可计算成核再辉阶段后冰水混合物的密度及水滴体积:

$$\rho_{mix} = \rho_w(1 - \gamma_i) + \rho_i \gamma_i \tag{3-16}$$

$$V_N = \frac{\rho_w V_0}{\rho_{mix}} \tag{3-17}$$

利用附录表 A-1 中 0℃水和冰的物理性质,从上述能量平衡模型中可以计算得到图 3-4 所示实验中的冰相质量分数为 23.2%,其对应的水滴体积为 20.39 μL,这与从实验水滴轮廓获得水滴体积 20.38 μL 吻合很好。由此,可以获得接下来过冷水滴冻结阶段的相关初始条件。

3.5　本章小结

本章从实验出发,获得了静置过冷水滴的结冰与融化过程中的温度、形貌等特征,重点围绕过冷水滴的成核阶段开展了随机性分析和统计研究,定量探讨了成核过程的体积效应和时间效应,同时对再辉阶段后的冰相质量分数进行了能量平衡分析。研究结果表明:

(1) 静置过冷水滴的结冰过程可分为过冷、成核、再辉、冻结和冷却 5 个阶段。水滴需要达到一定的过冷度后,才会开始结冰成核,成核是再辉的起点;在再辉阶段,水滴释放过冷度,水滴内部形成均匀的冰水混合物,透明性变差,同时内部温度在凝固潜热的作用下恢复到凝固点 0℃,整个阶段持续几十毫秒;在冻结阶段,水滴内部的冰水相界面逐渐从水滴底部向上推移,并最终形成夹角约为 140°的冻结尖端,整个阶段持续时间为几十秒。水滴冻结阶段的体积和高度都会逐渐变大,越接近水滴的顶端,水滴的体积变化越缓慢,而高度变化越剧烈。

(2) 水滴的融化过程与结冰过程不同,不需要很大的过冷度,不同大小的水滴融化温度大约都在 0.5℃。水滴的体积越大,完全融化所需要的时间越长,水滴的融化时间与其体积近似成线性关系。在水滴融化过程中,可以清晰地看到冰水相界面实际上是一个曲面,而不是结冰过程中观察到的近似平面,二者的差异主要是由水滴内部下方冰层的不透明性引起的。

(3) 对于 10 μL 及更小的水滴,当冷面的降温速率慢于 $-1℃/min$ 时,冷面降温速率对成核的影响可以忽略。过冷水滴的成核温度是随机的,其概率分布近似满足正态分布。随着水滴体积的减小,成核温度的统计平均值会逐渐变小,标准差变大,其概率分布的峰值和累积分布曲线都向低温侧移动,同时概率分布变得更加矮胖。随着冷面温度的降低,成核所需时间减小。随着成核温度的降低,成核率增大;在相同的成核温度下,随着水滴体积的增大和时间的推移,成核率也会增加。

(4) 在再辉阶段之后,根据能量平衡可计算出过冷度释放后水滴内部冰水混合物中的冰相质量分数,以及其他相应的物性参数,并可作为接下来冻结阶段的初始条件。对于−18.4℃冷表面上的 20 μL 过冷水滴,在成核再辉后的冰相质量分数为 23.2%,相应的体积变为 20.39 μL。

第 4 章　壁面静置过冷水滴的冻结特性

第 3 章研究了过冷水滴结冰过程中的成核再辉特征,本章将继续研究过冷水滴结冰过程的下一阶段——冻结阶段的典型特性。基于实验获得的过冷水滴结冰特征,本章将过冷效应引起的成核再辉阶段的影响转化为冻结阶段的初始条件,一方面,将建立过冷水滴冻结阶段中的轮廓变化理论模型,用于预测水滴的冻结速率、轮廓变化、尖端形成等;另一方面,基于理论模型获得的水滴轮廓,对水滴的冻结阶段开展数值模拟,探究水滴冻结阶段中内部的相界面变化、温度分布、冻结时间等。基于理论模型和数值模拟获得的结果,定量研究冷面温度(过冷度)、接触角和水滴体积对水滴最终冻结时间的影响规律。

4.1　冻结轮廓的理论模型

根据 3.1.1 节对过冷水滴结冰过程的实验描述以及文献中的研究[6,45,56-57],过冷水滴冻结过程中的主要轮廓包括 3 个时刻的轮廓:初始时刻的水滴轮廓、成核再辉后(冰水混合物)的轮廓和冻结完成后(冰)的轮廓,如图 4-1 所示[6,45,56-57]。图 4-1(a)中水滴的初始体积为 V_0,基底半径为 R_0,高度为 H_0,接触角为 θ_0。图 4-1(b)中,将水滴放置在逐渐降温的冷表面上,当其温度达到成核温度 T_N 时,水滴发生成核再辉,伴随着体积的瞬间增大,水滴内部同时形成均匀的冰水混合物,此时水滴的体积 V_N 可利用 3.4 节中的能量平衡分析进行计算,水滴的高度变为 H_N,而基底半径 R_0 和接触角 θ_0 保持不变。图 4-1(c)中,在冷面温度 T_s 的作用下,水滴内部相界面逐渐向上推移直到冰水混合物完全凝固为止[55,57,195],完成冻结阶段后形成最终轮廓和锥形尖端[6,61-62]。

为了建立水滴轮廓变化理论模型,在接下来的理论分析中,假设:①水滴是旋转对称的,旋转轴为竖直方向;②相界面近似为平行于冷表面的平面;③在冷面的作用下,水滴周围的环境温度整体较低,水滴与空气之间的对流换热较弱,蒸发和冷凝等导致的水滴体积变化可忽略不计[45,61]。

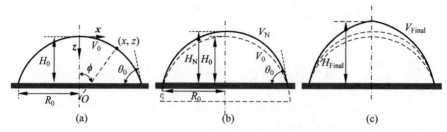

图 4-1　过冷水滴结冰过程中的主要轮廓
（a）初始轮廓；（b）再辉轮廓；（c）最终轮廓

4.1.1　初始阶段

初始时刻，水滴静置在表面上，重力和表面张力的综合作用决定了水滴的初始轮廓，重力与表面张力的相对大小可以用 Bo 数表示，即 $Bo = \Delta\rho g D^2/\sigma$。当 Bo 远小于 1 时，重力的作用可以忽略不计，此时可将壁面上的水滴近似为球冠；否则，重力的作用将会使水滴的形状偏离球冠[196]。在接下来的研究中，对于 20 μL 大小的水滴，$Bo \approx 3$，这意味着重力对水滴形状的影响不可忽略。为此，采用杨氏—拉普拉斯（Young-Laplace）方程[197]来计算初始时刻的水滴轮廓：

$$\frac{z''}{(1+z')^{3/2}} + \frac{z'}{x(1+z')^{1/2}} = \frac{2}{R_{\text{top}}} + \frac{\Delta\rho g z}{\sigma} \tag{4-1}$$

其中，$R_{\text{top}} = 1/z''(0)$ 是水滴顶点处的曲率半径。

利用初始水滴体积 V_0 和接触角 θ_0，可以计算初始水滴高度 H_0 和基底半径 R_0，因此可以确定图 4-1(a) 中水滴的初始轮廓。

4.1.2　成核再辉阶段

成核再辉阶段后，水滴的体积 V_N 和冰相质量分数 γ_i 的计算方法已经在 3.4 节中给出。同时，由于冰水混合物中已有一定质量的冰，其物性参数不同于纯水，因此需对成核再辉后的冰水混合物的物性参数进行如下处理，包括冰水混合物的潜热、密度、比热容和热导率等，即

$$L_{\text{mix}} = (1-\gamma_i) L_w \tag{4-2}$$

$$\begin{cases} \rho_{\text{mix}} = \rho_w (1-\gamma_i) + \rho_i \gamma_i \\ c_{\text{mix}} = c_w (1-\gamma_i) + c_i \gamma_i \\ k_{\text{mix}} = k_w (1-\gamma_i) + k_i \gamma_i \end{cases} \tag{4-3}$$

此外,成核再辉后的水滴体积为

$$V_N = \frac{\rho_w V_0}{\rho_{mix}} \tag{4-4}$$

保持水滴的基底半径 R_0 和接触角 θ_0 不变,利用式(4-1)可以获得成核再辉后的水滴轮廓和水滴高度 H_N(见图 4-1(b))。由此,获得了水滴冻结阶段的两个重要初始条件:①水滴内部的冰水混合物温度为 0℃;②水滴的体积、接触角和轮廓已知。

4.1.3　冻结阶段

对于水滴的冻结阶段,冰水相界面从底部逐渐向顶部推移过程的物理模型如图 4-2 所示[6,45,56-57]。在实际的冻结阶段中,当冰水相界面的动态接触角小于后退接触角时,相界面上部的冰水混合物相对于下部的冰层会发生滑移,因此在三相线处引入动态生长角 θ_{dg}[57]来描述三相线的瞬时移动方向与气液界面的切线方向之间的差异。

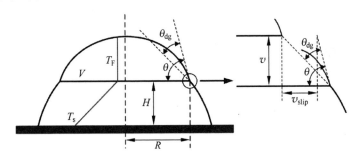

图 4-2　冻结阶段水滴的轮廓变化模型

在冰水相界面逐渐向上推移的过程中,根据质量守恒可知,冰增加的质量等于冰水混合物减少的质量:

$$\rho_{mix} \frac{dV}{dt} = -\pi \rho_i R^2 \frac{dH}{dt} \tag{4-5}$$

同时,对于相变导热涉及的 Stefan 问题,结冰过程中的相界面处的能量守恒满足

$$q_i - q_{mix} = \rho_i L_{mix} \frac{dH}{dt} \tag{4-6}$$

由于冻结阶段中冰水混合物的温度一直保持恒定(凝固点 0℃),因此式(4-6)中的 q_{mix} 为零。近似假设冰层内部的热传导为一维准稳态过程,则其温度分布为线性分布,因此式(4-6)可以改写为

$$\frac{k_i \Delta T}{H} = \rho_i L_{\text{mix}} \frac{\mathrm{d}H}{\mathrm{d}t} \tag{4-7}$$

对式(4-7)进行积分,可以得到冻结阶段水滴内部相界面高度与冻结时间的关系为

$$H = \sqrt{2\frac{k_i \Delta T}{\rho_i L_{\text{mix}}}t} \tag{4-8}$$

由于式(4-1)在数值求解过程中容易发散,尤其是在初始参数未知的情况下,因此,较难获得高精度的数值解。在冻结阶段中,为了较准确地获得不同时刻水滴轮廓的数值解,相界面上部冰水混合物的体积可近似用椭球模型计算:

$$V = \begin{cases} \pi a^2 b \displaystyle\int_{\phi_1}^{\pi/2} \cos^3 \phi \, \mathrm{d}\phi, & \theta < \dfrac{\pi}{2} \\[2mm] \pi a^2 b \displaystyle\int_{-\phi_1}^{\pi/2} \cos^3 \phi \, \mathrm{d}\phi, & \theta > \dfrac{\pi}{2} \end{cases} \tag{4-9}$$

其中,a 和 b 分别是椭球的水平半轴和垂直半轴。同时,在三相线处,冰水混合物与相界面的接触角满足:

$$\tan\theta = \begin{cases} \dfrac{b}{a\tan\phi_1}, & \theta < \dfrac{\pi}{2} \\[2mm] -\dfrac{b}{a\tan\phi_1}, & \theta > \dfrac{\pi}{2} \end{cases} \tag{4-10}$$

对于椭球水滴,水滴的体积越大,重力的影响越大,水滴的轮廓越扁平,即水滴的偏心率越大。为了考虑重力对椭球水滴轮廓的影响,近似假设椭球水滴的偏心率与其体积满足线性关系,即

$$e = \frac{\sqrt{a^2 - b^2}}{a} = \frac{V}{V_N}e_N \tag{4-11}$$

其中,e_N 为成核再辉后利用椭球模型计算得到的水滴轮廓偏心率。

如图 4-2 所示,在冻结阶段的后期,三相线处可能出现滑移现象[198],此时动态生长角 $\theta_{dg} > 0$,即三相线移动的方向与气液界面的切线方向不重合。根据图中三相线处的速度几何三角关系可以看出,冻结半径的减小速率与相界面的移动速率、三相线处的动态接触角以及动态生长角有关,它们的关系可以表示为

$$\frac{\mathrm{d}R}{\mathrm{d}t} = -\frac{1}{\tan(\theta - \theta_{dg})}\frac{\mathrm{d}H}{\mathrm{d}t} = -\frac{v}{\tan(\theta - \theta_{dg})} \tag{4-12}$$

同样,三相线在相界面上的滑移速率也与相界面的移动速率、动态接触角以及动态生长角有关,它们的关系可以表示为

$$v_{\text{slip}} = v\left(\frac{1}{\tan(\theta - \theta_{\text{dg}})} - \frac{1}{\tan\theta}\right) \quad (4\text{-}13)$$

其中,滑移速度与动态接触角的关系采用 Anderson 等[57] 提出的经验关联式:

$$v_{\text{slip}} = \begin{cases} \dfrac{\eta(\theta_{\text{rec}} - \theta)}{\theta}, & \theta < \theta_{\text{rec}} \\ 0, & \theta \geqslant \theta_{\text{rec}} \end{cases} \quad (4\text{-}14)$$

其中,θ_{rec} 和 η 分别为后退接触角和滑移系数,二者都属于经验系数,需要借助实验结果来确定。Anderson 等[57] 的实验测量结果建议:对于 35 μL 水滴在 $-10\,^{\circ}\text{C}$ 温度条件下的冻结过程,二者的取值范围为 $\theta_{\text{rec}} = 0.09\pi \pm 0.01\pi$ 和 $\eta = (0.6 \pm 0.2)\text{mm/s}$。在本书的研究中,对于 20 μL 水滴在 $-18.4\,^{\circ}\text{C}$ 时的冻结阶段,取 $\theta_{\text{rec}} = 0.08\pi$ 和 $\eta = 0.8$ mm/s 时,理论模型的计算结果与实验结果吻合最好,因此上述取值将用于本书的后续理论模型计算。

采用数值方法联立求解式(4-5)、式(4-8)~式(4-14)组成的方程组,可以获得过冷水滴冻结阶段中冰水相界面处三相线的高度(H)和半径(R)随时间的变化关系。同时,如果将初始时刻冰相的质量分数 γ_i 设置为零,即可认为模型未考虑过冷效应引起的成核再辉阶段对后续冻结阶段的影响。为了方便后文的描述和对比分析,考虑过冷效应的模型简写为 SC(SuperCooling)模型,未考虑过冷效应的模型简写为 NSC(Non-SuperCooling)模型。

4.1.4　模型验证

利用附录表 A-1 中 $0\,^{\circ}\text{C}$ 水和冰的物理性质,计算得到成核再辉后冰水混合物中冰相的质量分数 $\gamma_i = 23.2\%$,其凝固潜热 $L_{\text{mix}} = 255.8$ kJ/kg。考虑到冷面温度为 $-18.4\,^{\circ}\text{C}$,使用冰层内部平均温度 $-9\,^{\circ}\text{C}$ 时冰的物性参数,采用上述理论模型,通过数值求解计算 20 μL 过冷水滴的整个冻结阶段。数值求解中所用时间步长为 0.02 s,所有求解过程均收敛。

图 4-3 对比了实验测量、SC 模型和 NSC 模型计算所得的 20 μL 水滴的冻结阶段中相界面高度(H)和半径(R)随时间的变化。随着时间的推移,相界面高度逐渐增加而半径逐渐减小。相比于 NSC 模型的计算结果,SC 模型的计算结果与实验结果吻合更好,尤其是在冻结时间方面:实验所得的冻结时间为 11.7 s,SC 模型计算所得的冻结时间为 12.60 s,偏差为 7.69%;NSC

模型计算所得的冻结时间为 16.67 s,偏差达 42.48%。表 4-1 进一步给出了不同工况条件下,SC 模型和 NSC 模型计算所得过冷水滴的冻结时间与实验测量结果的对比数据,SC 模型的偏差比 NSC 模型小得多:SC 模型的平均偏差为 9.40%,NSC 模型的平均偏差为 40.06%。由此说明,SC 模型考虑了过冷效应引起物性参数的变化,尤其是凝固潜热的变化,更能准确地预测过冷水滴的冻结阶段,同时也说明过冷水滴的冻结速率主要受潜热的影响。过冷效应使得过冷水滴在成核再辉后变成均匀的冰水混合物,其凝固潜热小于纯水的凝固潜热,因此过冷水滴的冻结速率更快,冻结时间更短。

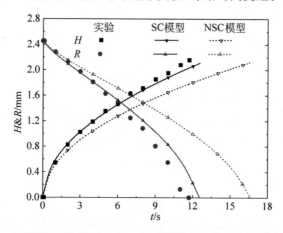

图 4-3　实验测量、SC 模型和 NSC 模型计算所得的过冷水滴冻结阶段

图 4-4 比较了实验测量、SC 模型和 NSC 模型计算所得的 20 μL 水滴的初始、成核再辉和最终轮廓。可以看出,无论是 SC 模型还是 NSC 模型,其计算获得的 3 种轮廓都与实验结果差别不大,由此说明过冷效应对水滴冻结的最终冻结轮廓影响不大。两种模型计算的最终尖端角度均为 144°,与实验值 140°吻合较好。

表 4-1　不同工况下实验测量、SC 模型和 NSC 模型计算所得的冻结时间

水滴体积/μL		10	10	10	20	30
冷面温度/℃		−19.4	−16.5	−13.5	−18.4	−15.4
冻结时间/s	实验值	7.3	8.7	10.4	11.7	17.1
	NSC 模型	10.24	11.94	14.48	16.67	24.68
	SC 模型	7.62	9.32	11.82	12.60	19.52
偏差(模拟值−实验值)/实验值/%	NSC 模型	40.27	37.24	39.23	42.48	44.32
	SC 模型	4.38	7.13	13.66	7.69	14.15

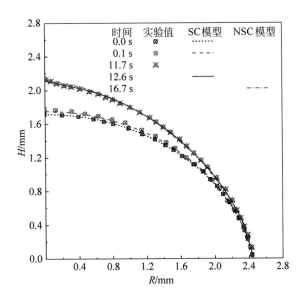

图 4-4　实验、SC 和 NSC 模型获得的水滴轮廓（见文前彩图）

4.1.5　冷面温度对水滴冻结的影响

采用 SC 模型分别计算-5℃、-10℃、-15℃、-18.4℃和-20℃冷面温度下 20 μL 过冷水滴的冻结阶段，图 4-5 为其冻结阶段中三相线的高度和半径变化。可以看出，冷面温度越低，三相线的高度增加越快而半径则减小越快。这主要是因为较低的冷面温度意味着更大的过冷度，一方面可以提供更大的相变驱动力，另一方面使成核再辉后冰水混合物的潜热更小，以上两方面都将使水滴冻结速率增加。

表 4-2 给出了不同冷面温度下 20 μL 过冷水滴的冻结时间，可以看出，一方面冻结时间会随着冷面温度的降低而减小，另一方面，NSC 模型计算的冻结时间明显比 SC 模型的结果长，并且冷面温度越低，这种差别越明显。随着冷面温度从-5℃降到-20℃，二者计算的冻结时间相对偏差从 6.65% 增加到 35.28%。这主要是由于冷面温度（过冷度）在 SC 模型中会同时影响相变驱动力和冰水混合物的凝固潜热，但是在 NSC 模型中仅仅影响相变驱动力，因此，两种模型计算所得的冻结速率和时间之间的差异会随着冷面温度的降低而逐渐增大。

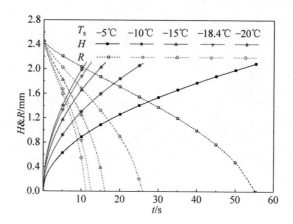

图 4-5　不同冷面温度下 20 μL 过冷水滴冻结阶段的三相线高度和半径变化（见文前彩图）

表 4-2　SC 和 NSC 模型计算的不同冷面温度下 20 μL 水滴的冻结时间

冷面温度/℃		-5	-10	-15	-18.4	-20
冻结时间/s	NSC 模型	59.04	29.92	20.14	16.70	15.26
	SC 模型	55.36	26.02	16.18	12.60	11.28
偏差 $(t_{NSC}-t_{SC})/t_{SC}/\%$		6.65	14.99	24.47	32.54	35.28

　　图 4-6 所示为不同冷面温度下水滴的最终冻结轮廓,可以明显地看出,不同冷面温度下的最终轮廓彼此重合,说明水滴的最终冻结轮廓几乎不受冷面温度的影响。图 4-4 中 SC 和 NSC 模型计算的最终轮廓表明,水滴的

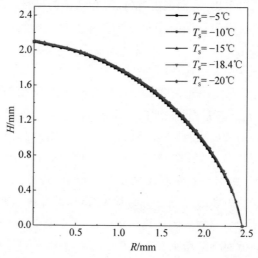

图 4-6　不同冷面温度下 SC 模型计算的水滴最终冻结轮廓（见文前彩图）

最终冻结轮廓几乎不受凝固潜热的影响,而图 4-6 中的结果进一步说明,不同冷面温度引起的凝固潜热和相变驱动力变化都几乎不会影响过冷水滴的最终冻结轮廓。因此可见,无论过冷水滴的冻结速率快或慢,其最终冻结轮廓几乎保持不变。图 4-6 还表明冻结尖端角度也几乎不受冷面温度的影响,这与文献[64]中的实验结论是一致的。

4.2　冻结阶段的数值模拟

4.1 节水滴冻结轮廓变化的一维理论模型中,为了建立完整的封闭模型,采用了旋转对称和水平相界面假设,滑移速度也借鉴了经验关联式,最终可以较好地预测水滴在冻结阶段的轮廓变化和最终尖端的形成。但是,上述模型不能获得水滴内部的相界面变化。此外,理论模型中的传热计算仅以中心轴线为依据,未考虑水滴内部的温度分布,并忽略了水滴与空气之间的换热,由此虽然获得了较为准确的冻结轮廓,但是预测的冻结时间仍然与实验测量值存在一定的偏差。出于以上两点考虑,本章还将对过冷水滴的冻结阶段开展相应的数值模拟工作,以期获得水滴内部相界面变化和温度分布等更为详细的冻结特征。

4.2.1　几何条件

本章的 CFD 数值模拟工作都基于 Fluent 中的 VOF 模型和凝固/融化相变模型,由于模型的局限性,不能很好地处理水滴冻结阶段中的轮廓实时变化问题。考虑到在水滴冻结阶段中,相界面下方(冰层)轮廓对于传热的影响更为重要,以及相界面上方(冰水混合物)的温度为 0℃,因此可利用 4.1 节中理论模型获得水滴冻结的最终轮廓,并作为几何条件导入 CFD 模型中,进而采用固定的水滴轮廓来开展数值模拟工作。

采用 4.1 节中的理论模型,分别对亲水表面 Surf.2(冷面温度−18.4℃)和疏水表面 Surf.4(冷面温度−14.3℃)上过冷水滴结冰过程中的轮廓变化进行计算,结果如图 4-7 所示。可以看出,本书所提的理论模型对于亲水和疏水表面都可以较为准确地预测过冷水滴的结冰轮廓。因此,在静置过冷水滴结冰的数值模拟中,都采用 4.1 节中的理论模型计算的水滴结冰轮廓作为数值模拟的初始几何条件。

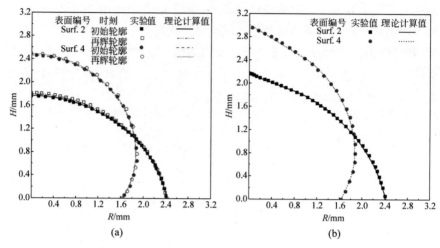

图 4-7　实验和理论模型得到的过冷水滴结冰轮廓

（a）初始轮廓与再辉轮廓；（b）最终轮廓

4.2.2　物理模型与边界条件

　　基于理论模型计算的水滴结冰轮廓，建立如图 4-8 所示的物理模型。冷表面的温度设置为冻结阶段的时间平均温度 T_s，左侧为旋转对称轴边界，右侧为压力出口边界，上方为壁面边界（温度设置为环境温度 T_a，主要

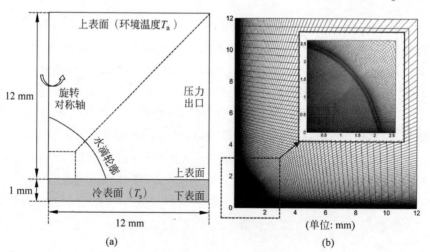

图 4-8　水滴冻结过程数值模拟的物理模型与网格

（a）物理模型；（b）结构化网格

是为了考虑环境温度对水滴冻结过程的影响），水滴和空气两部分计算区域均采用结构化网格划分。借助 Fluent 中的 VOF 多相模型和凝固/融化模型，数值模拟水滴冻结阶段，具体原理见 2.3 节中有关数值模拟方法的介绍[199]。

考虑过冷水滴的成核再辉阶段，利用 3.4 节中的理论分析，计算获得了水滴冻结开始时的初始物性参数（密度、比热容、热导率和凝固潜热）。在计算过程中，当温度高于液化温度 T_{liquid} 时，采用冰水混合物的物性参数；当温度低于固化温度 T_{solid} 时，采用冰的物性参数，具体处理方法如图 2-12 所示。此外，冰和水的所有物性参数都随温度发生变化，空气的物性参数采用常物性参数，具体参见表 A-1。

4.2.3　模拟参数选择

凝固/融化模型中最重要的两个参数是相变温度区间 $\Delta T_{\text{F}} = T_{\text{liquid}} - T_{\text{solid}}$ 和糊状区系数 A_{mush}，前者关系到计算的稳定性和相界面的厚度，后者则影响相变速率和计算结果的准确性，因此在进行正式的计算之前，需要为二者选择合适的参数。

（1）相变温度区间

由于一维 Stefan 凝固问题存在解析解，因此首先对图 4-9(a)所示的凝固问题进行数值模拟，用解析解来验证凝固/融化模型和确定相变温度区间。图 4-9(a)中，水存在于高度为 6.0 mm 的区域中，区域内部的初始温度均为 10℃（高于凝固点 0℃），其顶部保持 10℃恒温，底部保持 −30℃恒温，冻结前沿将逐渐从底部向上移动。选取相变温度区间 ΔT_{F} 为 0.1℃、0.2℃、0.5℃和 1.0℃，对一维 Stefan 凝固问题进行数值模拟，模拟中水和冰分别采用温度为 5℃和 −15℃时的物性参数，网格数目为 300，时间步长为 0.001 s。图 4-9(b)中给出了不同相变温度区间下 6 s 和 12 s 时刻数值模拟得到的温度曲线，以及理论分析后获得的分析解。可以看出，不同相变温度区间下的温度曲线几乎重合，与理论分析解也几乎没有差别。但是，随着相变温度区间的增大，相界面厚度逐渐增大：在 6 s 时刻，上述相变温度区间对应的相界面厚度分别为 0.005 mm、0.020 mm、0.031 mm 和 0.055 mm。考虑到随着相变温度区间的减小，区间内的物性参数变化将更加剧烈，这不利于数值模拟结果的收敛性，所以最终选择 ΔT_{F} 为 0.2℃作为后续模拟中使用的相变温度区间，此时相界面厚度也恰好等于网格尺寸（0.020 mm）。

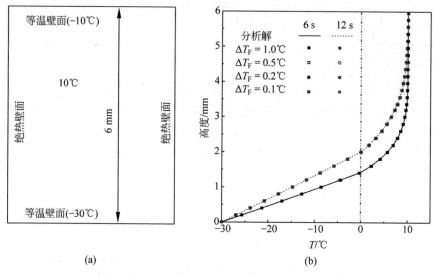

图 4-9　一维 Stefan 凝固问题（见文前彩图）

（a）物理模型；（b）不同相变温度区间下的温度曲线

（2）A_{mush} 参数

A_{mush} 参数对于数值模拟的意义在 2.3.2 节介绍凝固/融化模型原理中已有说明。Fluent 中的推荐值[199]为 $1.0 \times 10^4 \sim 1.0 \times 10^7$，在不同冷面温度下，$A_{\text{mush}}$ 参数的具体值会有一定的变化。结合文献中已有的数值模拟结果[103,110,125]以及本书模拟结果与实验结果的比较，最终选取的 A_{mush} 值如表 4-3 所示。当温度高于 -5℃时，A_{mush} 为 1.0×10^4；当温度低于 -35℃时，A_{mush} 为 1.0×10^7。

表 4-3　A_{mush} 参数的选取值

冷面温度/℃	-5	-10	-15	-20	-25	-30	-35
A_{mush} 参数	1.0×10^4	5.0×10^4	1.0×10^5	5.0×10^5	1.0×10^6	5.0×10^6	1.0×10^7

4.2.4　模拟结果与讨论

采用 4.1.4 节中的过冷水滴的结冰实验工况，分别对亲水表面 Surf.2（冷面温度 -18.4℃）和疏水表面 Surf.4（冷面温度 -14.3℃）上过冷水滴的冻结阶段进行数值模拟，模拟计算为瞬态过程，选择 Pressure-Based 求解器,速度与压力的耦合方式选择 PISO 算法,动量和能量控制方程的离散均采用 Second Order Upwind 格式,体积分数采用 Geo-Reconstruct 格式离散,残差控制设置为 10^{-6},采用定时间步长,设置为 0.001 s,计算中使用的冰、水和空气的物性参数见附录表 A-1。

表 4-4 为模拟的网格无关性验证结果,由于后面尚需进行大量的模拟计算,综合考虑计算精度和时间,最终选择网格数为 50 000,对应壁面附近的最小网格尺寸为 0.005 mm。此外,为了对比分析,在数值模拟过程中同时采用水滴冻结完成后的最终轮廓和成核再辉后的再辉轮廓[66]两种几何条件进行计算。

表 4-4　网格无关性验证

网 格 数 量	冻结时间/s	计算时间/min
3125	10.35	74
12 500	10.20	96
32 000	10.16	104
50 000	10.16	134
72 000	10.15	152

在亲水表面 Surf.2(冷面温度 -18.4℃)和疏水表面 Surf.4(冷面温度 -14.3℃)上,通过实验、理论和数值模拟 3 种方法获得过冷水滴冻结阶段中三相线高度和半径随时间的变化如图 4-10 所示。对比采用最终轮廓和再辉轮廓两种几何条件的数值模拟结果,可以明显看出,在冻结刚开始的时候,二者的高度和半径变化曲线几乎重合,因为在接近冷面的水滴底部,二者的轮廓没有太大的区别。随着冻结的进行,相界面逐渐向上推移,此时三相线的高度和半径变化差距逐渐增大,尤其是在最终的冻结高度和冻结时间上,二者的计算结果存在较大的差别,采用最终轮廓计算得到的冻结过程三相线变化数据与实验测量结果吻合更好。表 4-5 中,采用最终轮廓计算的冻结时间与实验时间偏差大约为 10%,而采用再辉轮廓的偏差则约为 30%。因此,本章下文对于静置过冷水滴的模拟都采用最终轮廓进行计算。结合文献中相关数值模拟,如需对冻结阶段进行动态轮廓模拟,可采用 FTM 等方法[63,200-201]。

对比 3 种方法获得的结果可知:无论是亲水表面还是疏水表面,理论模型计算的冻结时间都比实验测量值大,而数值模拟的冻结时间则较小。前者主要是由理论模型简化后带来的偏差,具体包括:①忽略了水滴与环境

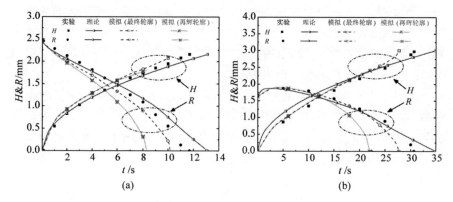

图 4-10　实验、理论和数值模拟获得三相线高度和半径的变化（见文前彩图）

（a）亲水表面 Surf. 2（39°/100°），冷面温度−18.4℃；
（b）疏水表面 Surf. 4（88°/129°），冷面温度−14.3℃

表 4-5　实验、理论和数值模拟获得的冻结时间

方　　法	冻结时间/s			
	亲水表面 Surf. 2（39°/100°）	偏差/%	疏水表面 Surf. 4（88°/129°）	偏差/%
实验测量	11.70	—	30.70	—
理论模型[43]	13.11	12.1	34.94	13.8
数值模拟（最终轮廓）	10.16	−13.2	27.72	−9.7
数值模拟（再辉轮廓）	8.30	−29.1	22.03	−28.2
理论与模拟平均值（最终轮廓）	11.64	−0.6	31.33	2.1

空气之间的对流传热；②假设水滴的冻结相界面是水平面；③忽略了水滴内部的温度分布，假设冰层内部为一维导热。上述理论模型的不足在 4.2 节已有论述，而数值模拟则可以减小上述 3 点简化带来的误差，但也存在一定的不完善：①使用了固定的水滴轮廓来模拟冻结阶段；②由于凝固/融化模型的自身限制，忽略了冰水混合物变成冰的密度变化。上述缺点使得数值模拟的冻结速率快于实验测量值，因此最终冻结时间更小，尤其是在冻结阶段即将结束的时候，冻结速率明显偏离实验测量结果。但是，数值模拟可以获得水滴内部准确的相界面变化、水滴内部和周围的温度分布等信息。综合考虑理论模型和数值模拟的优点和不足，表 4-5 对比了理论模型和数

值模拟计算得到的水滴冻结时间及二者的平均值与实验测量值的偏差。可以看出,对于亲水和疏水表面,理论模型和数值模拟计算得到的冻结时间平均值都与实验测量值非常接近,远小于二者单独计算的冻结时间偏差。因此,本章下文都采用理论模型和数值模拟计算得到的冻结时间平均值作为最终的冻结时间。

图 4-11 比较了数值模拟和实验观察的亲水表面 Surf. 2(冷面温度 −18.4℃)与疏水表面 Surf. 4(冷面温度 −14.3℃)上水滴冻结阶段的相界面变化。所有时刻图中,左侧灰色部分为数值模拟获得的冰层形状(其余空气、水和冷表面未展示),右侧则为对应的实验观察结果。可以看到,实验观察到的冰水相界面几乎都是水平面,而模拟得到的则明显是曲面形状,特别是在冻结阶段快结束的时候,并且弯曲方向会随着水滴轮廓的变化而变化。这主要是由于冻结阶段中冰层是不透明的,实验观察的相界面近似为三维三相线的正视投影,而不是水滴内部的相界面。关于此部分的分析在 3.1.2 节中已有论述。由于水滴与空气之间的对流换热远弱于水滴与冷面之间的导热,近似将水滴与空气界面看作绝热表面,而冰水相界面则维持在凝固点 0℃,可以近似认为是等温面,由此二者之间近似垂直,结合文献中的描述[61,65],它们之间的夹角在 $87°±8°$[61]。由图 4-12 给出的相界面和温度分布云图可以看出,数值模拟结果获得的气液界面与冰水相界面之间的夹角满足上述范围。

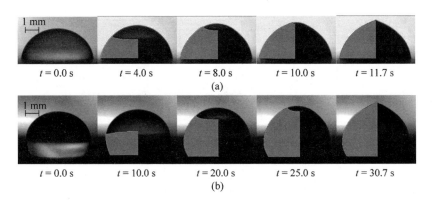

图 4-11　实验和数值模拟获得水滴轮廓与相界

(a) 亲水表面 Surf. 2(39°/100°),冷面温度 −18.4℃;

(b) 疏水表面 Surf. 4(88°/129°),冷面温度 −14.3℃

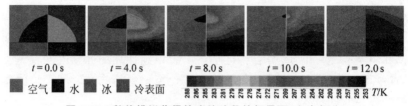

| 空气 | 水 | 冰 | 冷表面 |

$$t=0.0\ s \quad t=4.0\ s \quad t=8.0\ s \quad t=10.0\ s \quad t=12.0\ s$$

288 286 285 283 281 279 276 274 272 271 269 267 264 262 260 258 257 255 253　T/K

图 4-12　数值模拟获得的冻结阶段的相界面（左半部分）

和温度场（右半部分）变化（见文前彩图）

亲水表面 Surf.2(39°/100°)，冷面温度−18.4℃

4.3　冻　结　时　间

4.3.1　影响因素分析

　　利用4.1节的理论模型和4.2节的数值模拟，对不同冷面温度（过冷度）、接触角和水滴体积下过冷水滴的冻结阶段进行计算，从而探究上述因素对最终冻结时间的影响。基于正交实验设计方法，所有计算工况如图4-13所示，其中每一个点代表一种工况条件，总共37种工况，冷面温度、接触角和水滴体积的变化范围分别为−25～−5℃、5～40 μL 和30°～150°。所有工况的冻结时间均采用理论模型和数值模拟计算得到的平均值。

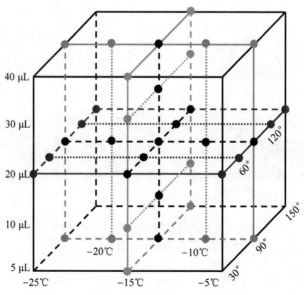

图 4-13　冻结时间的计算工况（见文前彩图）

图 4-14 所示为冷面温度、接触角和水滴体积对冻结时间的影响规律。随着冷面温度的上升以及水滴体积和接触角的增加,冻结时间都会变长。冻结时间与 3 种因素的关系都近似满足指数函数,且冷面温度和接触角对冻结时间的影响明显大于水滴体积。冷面温度对于冻结时间的影响主要有两点:①较高的冷面温度意味着更小的过冷度,会使成核再辉后的冰相质量分数较小和冰水混合物的凝固潜热较大,同时冰层的导热系数在较高温度下也会更大,这些都会减慢水滴冻结速率,使冻结时间变长;②冷面温度越高,相变驱动力越小,冻结速率越小,冻结时间越长。接触角增加,会同时减小水滴与壁面间的接触面积和增大水滴的高度,增大水滴与壁面之间的导热热阻,导致最终冻结时间变长。相比之下,水滴体积的增加仅仅增加了水滴冻结需要释放的潜热,而且二者几乎为线性关系,因此冻结时间随水滴体积的变化更加平缓。

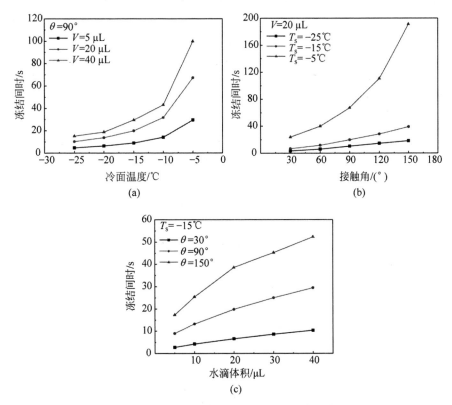

图 4-14 不同因素对冻结时间的影响规律

(a)冷面温度;(b)接触角;(c)水滴体积

4.3.2 冻结时间关系式

为了方便计算不同工况下的水滴完全冻结所需的时间,利用 Matlab R2015b 软件对 4.3.1 节中所有的冻结时间进行关联。对于一维准稳态凝固过程,可由式(4-8)近似计算过冷水滴的冻结时间[202]:

$$t_F = \frac{\rho_i L_{\text{mix}} H_{\text{Final}}^2}{2k_i \Delta T} \approx A H_0^2 \Delta T^{-1} \qquad (4\text{-}15)$$

其中,H_0、V_0 和 θ_0 分别为水滴的初始高度、初始体积和壁面接触角;$\Delta T = T_F - T_s$ 为过冷度。近似假设壁面上水滴为球冠,H_0、V_0 和 θ_0 三者之间的关系满足[196]

$$H_0 = \sqrt[3]{\frac{3V_0}{\pi} \cdot \frac{1-\cos\theta_0}{2+\cos\theta_0}} \approx B V_0^{1/3} \theta_0^{0.7178} \qquad (4\text{-}16)$$

将式(4-16)代入式(4-15)中,可得水滴冻结时间(t_F)与过冷度(ΔT)、水滴体积(V)和接触角(θ)之间的关系式为

$$t_F = a_1 \Delta T^{a_2} \theta^{a_3} V^{a_4} + a_5 \qquad (4\text{-}17)$$

其中,拟合系数分别为 $a_1 = 0.0534$、$a_2 = -1.4078$、$a_3 = 1.6878$、$a_4 = 0.5970$ 和 $a_5 = 2.2682$。可以看出,3 种影响因素的拟合系数绝对值大小满足 $|a_3| > |a_2| > |a_4|$,这也间接支持了 4.3 节中的定性结论:相比水滴体积,冷面温度和接触角对冻结时间的影响更为显著。

利用式(4-17)对本书的 13 组实验工况和文献中 4 组实验工况[42,66]进行计算,所得到的冻结时间偏差如表 4-6 所示。可以看出,式(4-17)计算的冻结时间与本书的实验测量结果偏差在 22.4% 以内,与文献[42]和文献[66]中的实验值误差分别在 22.6% 和 34.7% 以内。进一步对图 4-13 中的所有工况进行计算,图 4-15 为所有结果的偏差图,其中包括表 4-6 中的数据。可以看出,90% 以上关系式预测的冻结时间与实验值或计算值之间的偏差在 ±25% 以内。考虑到实验中冷面温度、接触角等的测量精度,这种偏差可以被接受。对比文献[66]中的实验数据,发现关系式计算结果偏差较大的原因可能是文献中没有给出完全冻结的时间,在最后时刻的实验照片中,冻结尖端尚未形成,说明冻结仍在继续,最终的冻结时间应该更长,因此文献中实验测量的冻结时间较关系式计算值小,导致偏差较大。

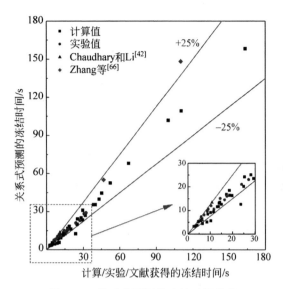

图 4-15　关系式预测的冻结时间偏差

表 4-6　关系式与实验获得的冻结时间

来源	冷面温度 /℃	水滴体积 /μL	接触角 /(°)	冻结时间		
				实验值/s	拟合值/s	误差/%
实验值	−16.4	40.0	75.0	17.5	16.00	−8.5
	−14.5	30.0	70.0	16.5	14.50	−12.0
	−18.4	20.0	78.0	11.7	10.50	−10.1
	−13.5	20.0	78.0	14.5	15.00	3.7
	−14.3	20.0	125.0	30.7	28.40	−7.6
	−14.0	20.0	125.0	32.3	29.20	−9.7
	−14.4	20.0	110.0	27.2	23.10	−15.1
	−15.5	20.0	110.0	24.0	21.00	−12.3
	−13.5	10.0	85.0	10.4	12.00	15.6
	−15.2	10.0	85.0	9.1	10.50	15.7
	−16.5	10.0	85.0	8.7	9.60	10.6
	−19.4	10.0	85.0	7.3	8.10	11.3
	−16.0	5.0	85.0	6.0	7.30	22.4
Chaudhary 和 Li[42]	−17.1	21.0	45.0	6.5	6.19	−7.8
	−14.6	7.2	110.0	10.9	13.56	22.6
Zhang 等[66]	−5.0	25.0	73.0	45.0	55.27	22.4
	−5.0	30.0	125.5	110.0	148.40	34.7

4.4　本章小结

　　本章考虑过冷效应,将成核再辉阶段的影响作为初始条件,建立了过冷水滴冻结阶段的理论模型,用于预测水滴的轮廓变化和尖端形成。基于理论模型计算的水滴轮廓,开展了冻结阶段的数值模拟。围绕理论模型和数值模拟计算的冻结时间,分析了不同因素对水滴冻结时间的影响规律,并提出了过冷水滴冻结时间的计算关系式。得到如下结论。

　　(1)考虑过冷效应所建立的理论模型,将成核再辉阶段的影响作为初始条件体现在水滴的物性参数和初始温度上,不仅能够准确地预测水滴的冻结阶段的轮廓变化和尖端形成,还将冻结时间的整体预测偏差从40%左右降到10%左右。对于-18.4℃冷面上20 μL的水滴,其计算的冻结时间为12.6 s,相比实验值11.7 s,偏差仅为7.69%,最终计算的冻结尖端角度为144°,接近实验测量值140°。

　　(2)水滴冻结阶段后的最终轮廓不受冻结速率的影响。考虑过冷效应后引起的凝固潜热变化和冷面温度改变带来的相变驱动力变化,都会影响水滴的冻结速率,但是都不会改变水滴的最终冻结轮廓和冻结尖端。

　　(3)基于理论模型计算的水滴轮廓,数值模拟水滴冻结阶段中的相界面变化时,采用最终冻结轮廓的模拟结果与实验结果最接近。通过数值模拟,可获得水滴内部的相界面变化和温度分布,并且可明显地看出冰水相界面为曲面,而不是平面。

　　(4)由于理论模型和数值模拟各自的不足,前者计算的冻结时间偏大,后者计算的冻结时间偏小。在亲水和疏水表面上,理论模型和数值模拟计算的冻结时间平均值与实验值偏差都很小,因此将其作为最终的冻结时间。随着冷面温度的上升以及接触角和水滴体积的增加,冻结时间变长,且冷面温度和接触角对冻结时间的影响明显大于水滴体积。基于一维凝固过程的近似理论分析,提出了水滴冻结时间与冷面温度(过冷度)、接触角和水滴体积的理论关系式,并结合理论与模拟计算得到最终冻结时间,确定了关系式的具体参数,最终关系式的计算结果与实验结果偏差在±25%以内。

第 5 章　常温表面上水滴碰撞的实验与模拟

第 4 章和第 5 章围绕静置过冷水滴的结冰实验与模拟开展了相应的研究,接下来研究常温水滴的碰撞动力学特性,从而为之后研究过冷水滴的碰撞结冰提供碰撞动力学方面的研究基础。虽然目前关于常温水滴碰撞的研究较多,但是已有文献大多研究圆球水滴的碰撞过程,而实际过程中由于受到气流[203]和电磁场[204]等多种因素的干扰,碰撞初始时刻水滴的形状可能会偏离圆球形。本章首先开展常温水滴碰撞实验,分析 We 数和接触角对圆球水滴碰撞过程的影响,并利用实验结果验证数值模型,然后基于此模型开展椭球水滴的碰撞模拟,研究椭球水滴的初始形状(高宽比)对碰撞过程尤其是最大铺展系数的影响规律。

5.1　水滴碰撞的实验

5.1.1　实验工况

在制备的不同润湿性的表面上,开展水滴的碰撞实验。实验工况为常温常压,实验所用水滴体积分别为 6 μL(精度 0.1 μL)和 12 μL(精度 0.2 μL),精细调节微量注射器底部与实验表面间的距离至不同高度,从而在水滴自由下落后获得不同的碰撞速度,如表 5-1 所示,实验时高速相机的拍摄分辨率(像素×像素)为 1024×1024,拍摄速率为 2000 fps。

表 5-1　实验水滴的碰撞参数

水滴体积 /μL	水滴直径 /mm	下落高度 /mm	碰撞速度 /(m/s)	We 数	Re 数
6	2.25±0.015	0.56	0.10	0.45	295.66
12	2.84±0.02	10.16	0.44	7.75	1259.33
		25.16	0.70	19.18	1981.77
		50.16	0.99	39.24	2798.20

5.1.2　碰撞特性

图 5-1 给出了实验拍摄得到的亲水表面 Surf.2 和疏水表面 Surf.4 上水滴碰撞过程中的形态变化,水滴体积为 12 μL(水滴直径 2.84 mm),We 数为 19.18。两种表面上水滴的碰撞过程都主要包括铺展、收缩、振荡和稳定 4 个阶段。铺展阶段,在惯性力的主导作用下,水滴的三相线逐渐铺展,水滴的动能和重力势能转换为表面能,达到最大铺展系数时,水滴的表面能最大且动能为 0;收缩阶段,在表面张力的主导作用下,水滴的三相线逐渐收缩,水滴的表面能又转换为动能和重力势能;振荡阶段,由于实际表面存在一定的接触角滞后,水滴的三相线在某一位置停止移动,但是水滴在高度方向上仍然不断地周期性振荡;稳定阶段,由于黏性耗散的作用,水滴的动能全部损失,水滴在高度方向上也完全停止运动。

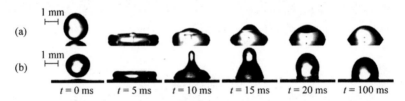

图 5-1　亲水表面 Surf.2(39°/100°)和疏水表面 Surf.4(88°/129°)上水滴的碰撞过程

$D_0 = 2.84$ mm,$We = 19.18$

(a) Surf.2(39°/100°); (b) Surf.4(88°/129°)

基于图 5-1 中的实验图像,采用 Matlab 软件,利用图像识别方法,定量获得碰撞过程中水滴铺展系数和高度系数随时间的变化,如图 5-2 所示。可以看出,由于亲水表面 Surf.2(39°/100°)和疏水表面 Surf.4(88°/129°)的表面接触角不同,水滴碰撞过程中的铺展系数和高度系数变化都不相同,最大铺展系数也明显不同。铺展阶段,水滴在亲水表面 Surf.2 上的铺展速度比疏水表面 Surf.4 上的快,因此水滴在亲水表面 Surf.2 上的最大铺展系数也较大;收缩阶段,在达到最大铺展系数后,水滴在疏水表面 Surf.4 上的收缩比亲水表面 Surf.2 上的更明显;振荡阶段,水滴在疏水表面 Surf.4 上的振幅比亲水表面 Surf.2 上的大;稳定阶段,水滴在疏水表面 Surf.4 上的稳态铺展系数比亲水表面 Surf.2 上的小,而高度系数则相反。

上述实验结果表明,水滴碰撞过程的主要特征体现在水滴的铺展系数

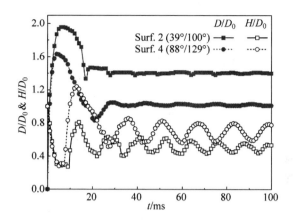

图 5-2　水滴碰撞过程中铺展系数和高度系数随时间的变化

$D_0 = 2.84$ mm, $We = 19.18$

和高度系数变化上,因此,以下主要研究 We 数和接触角对水滴碰撞过程中铺展系数和高度系数的影响规律。

5.1.3　We 数和接触角对铺展系数的影响

（1）We 数的影响

图 5-3 展示了超亲水表面 Surf. 1、亲水表面 Surf. 2、疏水表面 Surf. 4 和超疏水表面 Surf. 5 四种表面上不同 We 数下水滴碰撞过程中的铺展系数变化。从图 5-3 中可以看出,在铺展阶段,随着 We 数的增大,水滴的铺展速度变快,相同时间时水滴的铺展系数较大,最后达到的最大铺展系数也相应较大;在收缩阶段,除超亲水表面 Surf. 1 外,随着 We 数的增大,水滴的收缩速度变快,并且在收缩阶段后期,不同 We 数下的铺展系数变化逐渐趋于一致;在稳定阶段,由于表面接触角滞后的存在,不同 We 数下的稳态铺展系数会有所不同。对于图 5-3(d)中的超疏水表面 Surf. 5,即使在很小的 We 数($We = 0.45$)下,水滴也会反弹并脱离表面,表现出良好的疏水排液特性;不同 We 数对于水滴反弹脱离表面的时间几乎没有影响,这主要是由于超疏水表面的接触角滞后很小,水滴在碰撞过程中的黏性耗散很小,因此可将碰撞过程类比为弹簧振动,不同的碰撞速度并不会影响水滴的反弹时间[79]。

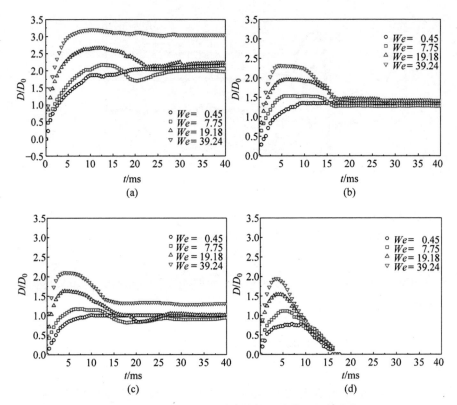

图 5-3 不同 We 数下水滴碰撞过程的铺展系数变化

（a）Surf. 1(5°/15°)；（b）Surf. 2(39°/100°)；（c）Surf. 4(88°/129°)；（d）Surf. 5(155°/165°)

（2）接触角的影响

图 5-4 给出了 4 种 We 数下水滴碰撞不同接触角表面时的铺展系数变化。可以看出，无论 We 数大或小，随着接触角的增大，相同时间时水滴的铺展系数逐渐减小，达到的最大铺展系数和最终的稳态铺展系数也会相应逐渐减小。

为了进一步对比分析 We 数和接触角对水滴铺展系数的影响，提取不同工况下水滴的最大铺展系数及其对应时间，结果如表 5-2 所示。其中，水滴在超亲水表面 Surf. 1 上的铺展特性比较特殊，当 We 数很小时，在首次达到局部最大铺展系数后水滴依然在缓慢铺展，因此本章统一采用首次达到的最大铺展系数（$D_{\max,1}$）及其对应时间（$t_{D_{\max,1}}$）来进行分析。根据表 5-2 中的数据，可得到图 5-5，其反映了 We 数和接触角对水滴铺展过程中最大铺展系数及其对应时间的影响规律。从图 5-5(a)可以看出，随着 We 数的

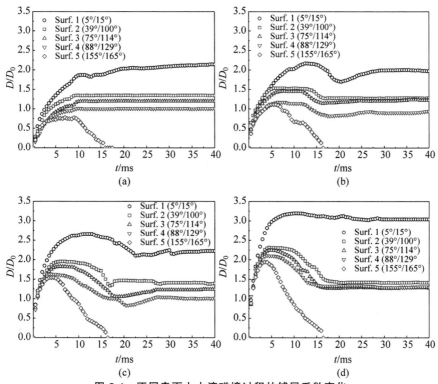

图 5-4　不同表面上水滴碰撞过程的铺展系数变化

（a）$We=0.45$；（b）$We=7.75$；（c）$We=19.18$；（d）$We=39.24$

减小和接触角的增大，水滴的最大铺展系数逐渐减小；从图 5-5（b）可以看出，在较低 We 数下，接触角对达到最大铺展系数的时间影响较小，随着 We 数的增大，接触角对达到最大铺展系数的时间影响逐渐增大，并且随着 We 数和接触角的增大，此时间逐渐缩短；对于超亲水表面 Surf. 1，由于表面润湿性特殊，We 数对于其上水滴碰撞达到最大铺展系数的时间影响很小。

表 5-2　不同工况下最大铺展系数（$D_{max,1}$）及其对应时间（$t_{D_{max,1}}$）

表面编号	$We=0.45$		$We=7.75$		$We=19.18$		$We=39.24$	
	最大铺展系数	对应时间	最大铺展系数	对应时间	最大铺展系数	对应时间	最大铺展系数	对应时间
Surf. 1(5°/15°)	1.87	10.5	2.02	9.0	2.62	9.0	3.20	10.0
Surf. 2(39°/100°)	1.35	9.5	1.53	7.5	1.93	6.0	2.31	4.5
Surf. 3(75°/114°)	1.19	10.0	1.46	7.5	1.81	6.0	2.24	4.5
Surf. 4(88°/129°)	1.01	10.0	1.17	6.5	1.63	4.5	2.11	4.0
Surf. 5(155°/165°)	0.77	9.0	1.12	5.5	1.54	4.0	1.94	3.5

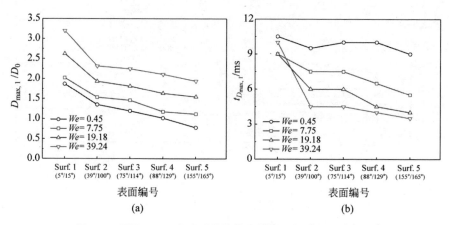

图 5-5   不同工况下水滴碰撞的最大铺展系数及其对应时间

（a）最大铺展系数；（b）最大铺展系数的对应时间

5.1.4 We 数和接触角对高度系数的影响

（1）We 数的影响

图 5-6 展示了超亲水表面 Surf.1、亲水表面 Surf.2、疏水表面 Surf.4 和超疏水表面 Surf.5 这 4 种表面上不同 We 数下水滴碰撞过程中的高度系数变化。可以看出，对于 4 种表面，随着 We 数的增大，相同时间时水滴的高度系数减小，达到的最小高度系数也相应减小。碰撞过程中水滴的高度系数不仅与水滴的铺展系数有关，还与水滴的轮廓有关，而实际碰撞过程总会存在一定扰动，导致碰撞过程不能完全对称，水滴轮廓也就不完全相似。因此，在水滴收缩阶段中，We 数对水滴高度系数的影响并不像对铺展系数的影响那么明显。

（2）接触角的影响

图 5-7 给出了 4 种 We 数下水滴碰撞不同接触角表面时的高度系数变化。可以看出，无论 We 数大或小，在铺展阶段前期，不同接触角表面上水滴高度系数的下降趋势几乎一致，在首次达到局部最小高度系数（$H_{\min,1}$）后，水滴的高度系数会稍微增大，之后再降低并达到全局最小高度系数。在铺展阶段中，水滴高度系数达到首次局部最小高度系数（$H_{\min,1}$）之前的阶段为惯性铺展阶段，此后为黏性铺展阶段[205]。随着接触角的增大，水滴的全局最小高度系数相应地减小，且随着 We 数的增大，接触角对全局最小高度系数的影响逐渐减弱。

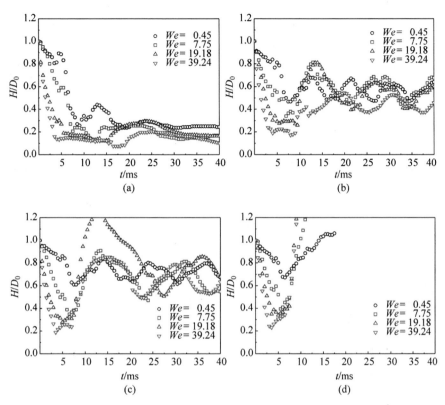

图 5-6　不同 We 数下水滴碰撞过程的高度系数变化

（a) Surf. 1(5°/15°)；(b) Surf. 2(39°/100°)；

（c) Surf. 4(88°/129°)；(d) Surf. 5(155°/165°)

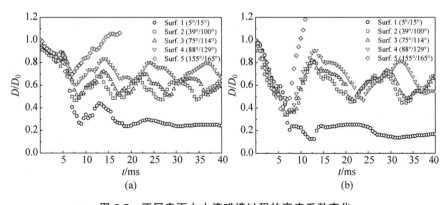

图 5-7　不同表面上水滴碰撞过程的高度系数变化

（a) $We=0.45$；(b) $We=7.75$；(c) $We=19.18$；(d) $We=39.24$

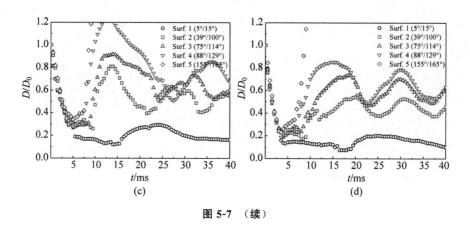

图 5-7　（续）

　　为了进一步对比分析 We 数和接触角对水滴碰撞过程中高度系数的影响,提取不同工况下水滴的首次局部最小高度系数($H_{\min,1}$)及其对应时间($t_{H_{\min,1}}$),结果如表 5-3 所示。根据表 5-3 中的数据,可得到图 5-8,其反映了 We 数和接触角对水滴碰撞过程中首次局部最小高度系数及其对应时间的影响规律。从图 5-8(a)可以看出,随着 We 数的增大,水滴的首次局部最小高度系数($H_{\min,1}$)逐渐减小,而接触角对不同 We 数下的此高度系数影响很弱;从图 5-8(b)可以看出,无论 We 数和接触角如何变化,水滴的首次局部最小高度系数的对应时间($t_{H_{\min,1}}$)都几乎相同,分布在(4.0 ± 0.5)ms。

表 5-3　不同工况下首次局部最小高度系数($H_{\min,1}$)及其对应时间($t_{H_{\min,1}}$)

表面编号	$We=0.45$		$We=7.75$		$We=19.18$		$We=39.24$	
	首次局部最小高度系数	对应时间	首次局部最小高度系数	对应时间	首次局部最小高度系数	对应时间	首次局部最小高度系数	对应时间
Surf. 1(5°/15°)	0.81	3.5	0.56	4.5	0.29	4.0	0.13	4.5
Surf. 2(39°/100°)	0.82	3.5	0.53	4.0	0.30	4.0	0.19	4.0
Surf. 3(75°/114°)	0.82	4.0	0.57	4.5	0.32	4.0	0.19	4.0
Surf. 4(88°/129°)	0.83	4.5	0.55	4.5	0.33	3.5	0.21	3.5
Surf. 5(155°/165°)	0.81	4.0	0.59	4.5	0.39	3.5	0.26	3.5

5.1.5　水滴振荡

　　水滴的三相线停止移动后,水滴在高度方向上仍然不断地周期性振荡,图 5-9 给出了不同 We 数下水滴碰撞疏水表面 Surf.3(75°/114°)和 We 为

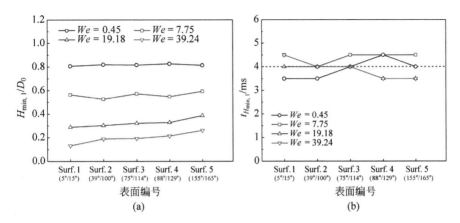

图 5-8　不同工况下水滴的首次局部最小高度系数及其对应时间

（a）首次局部最小高度系数；（b）首次局部最小高度系数的对应时间

19.18 时水滴碰撞不同接触角表面后的水滴高度振荡过程。可以看出，We 数和接触角都会对水滴的振荡过程产生影响。

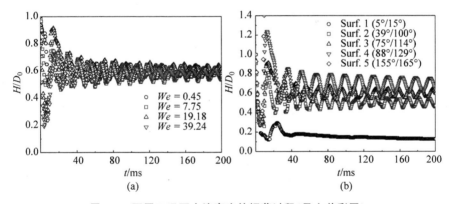

图 5-9　不同工况下水滴高度的振荡过程（见文前彩图）

（a）Surf.3（75°/114°）；（b）$We=19.18$

为了定量分析水滴高度的振荡过程，采用在 50 ms 以后开始计数 15 个稳定周期的方法获得不同 We 数和接触角下水滴高度的振荡周期，结果如表 5-4 和图 5-10 所示。可以看出，不同 We 数下，水滴高度的振荡周期都会随着接触角的增大而增大，极限情况下，超亲水表面的振荡周期为 0，超疏水表面的振荡周期为∞；在不同的接触角下，随着 We 数的增大，水滴高度的振荡周期会先增大后减小。

表 5-4　不同工况下水滴高度的振荡周期

表面编号	$We=0.45$	$We=7.75$	$We=19.18$	$We=39.24$
Surf. 1(5°/15°)	—	—	—	—
Surf. 2(39°/100°)	9.1	12.1	12.4	11.7
Surf. 3(75°/114°)	9.4	12.7	12.7	12.5
Surf. 4(88°/129°)	11.3	15.0	15.8	14.1
Surf. 5(155°/165°)	—	—	—	—

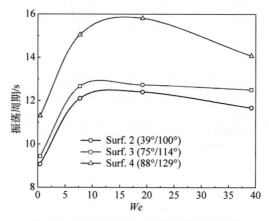

图 5-10　不同工况下水滴高度的振荡周期

5.2　水滴碰撞的最大铺展系数及其对应时间

5.1.5 节已经给出了 We 数和接触角对最大铺展系数及其对应时间的影响趋势,是否存在一个统一的关联式可以描述这种影响趋势呢? 对于最大铺展系数,文献已给出了较多的理论模型,用于预测不同 We 数和接触角下的最大铺展系数,其中最为经典的是[77]

$$(We+12)\frac{D_{\max}}{D_0}=8+\left[3(1-\cos\theta)+\frac{4We}{\sqrt{Re}}\right]\left(\frac{D_{\max}}{D_0}\right)^3 \quad (5\text{-}1)$$

其具体推导过程将会在 5.4 节中给出。但是由于式(5-1)属于超越方程,其求解需要借助数值方法,为此有学者[89]针对大量的水滴碰撞实验数据给出了更易求解的最大铺展系数关联式:

$$\begin{cases}\dfrac{D_{\max}}{D_0}Re^{-1/5}=\dfrac{P^{1/2}}{A+P^{1/2}}\\[2mm]10<We<1700,\quad 70<Re<17000\end{cases} \quad (5\text{-}2)$$

其中，$A=1.24\pm0.01$；$P\equiv We Re^{-2/5}$。但是由于建立关联式(5-2)时采用的实验数据都是基于接触角为 90°左右的表面，因此，该关联式仅考虑了 We 数(Re 数)对水滴碰撞过程中最大铺展系数的影响，而没有体现接触角的影响。借鉴理论关系式的近似解：

$$\frac{D_{max}}{D_0}=Re^{1/2}\sqrt{\frac{We+4}{3(1-\cos\theta)}} \tag{5-3}$$

同时考虑到水滴的铺展过程主要与其前进角 θ_{adv} 有关，可将式(5-2)修正为

$$\frac{D_{max}}{D_0}Re^{-1/5}(1-\cos\theta_{adv})^{1/2}=\frac{P^{1/2}}{A+P^{1/2}} \tag{5-4}$$

修正后的关联式预测结果与实验结果的对比如图 5-11 所示，可以看出，修正后的关联式预测结果与实验结果在其适用范围内($10<We<1700$)吻合很好。由于文献[89]中实验数据的接触角基本为 90°左右，此时式(5-4)与式(5-2)是等效的。对图 5-11 中偏差较大的数据点，可以分为两类：①We 远小于 10，不在公式的适用范围；②超亲水表面的前进角测量不准确，因此结果偏差较大。

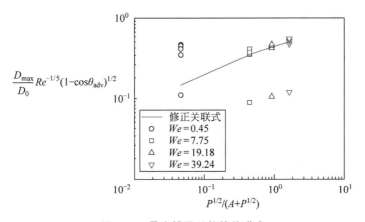

图 5-11　最大铺展系数的关联式

对于达到最大铺展系数的对应时间，文献[77]中通过流体力学的简化理论推导一般认为

$$\frac{U_0 t_{max}}{D_0}=\frac{8}{3} \tag{5-5}$$

式(5-5)中同样没有考虑接触角的影响。从图 5-5 中可以看出，最大铺展系数的对应时间也会受到接触角的影响。采用与最大铺展系数类似的修正方

法,将式(5-5)修正为

$$\frac{U_0 t_{\max}}{D_0}(1-\cos\theta_{\mathrm{adv}})^{1/2}=\frac{8}{3} \tag{5-6}$$

修正后,最大铺展系数对应时间的无量纲化结果如图 5-12 所示,可以看出,除超亲水表面上的实验数据外,其余实验数据具有很好的关联性,同时修正后的时间无量纲关系式可以很好地统一文献[206]和文献[207]中的实验数据。随着 We 数逐渐增大,最大铺展系数对应的无量纲时间逐渐趋近理论值。

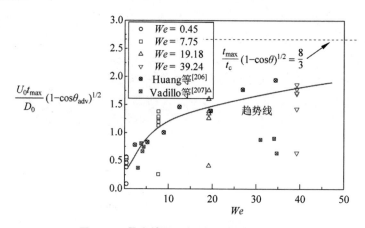

图 5-12　最大铺展系数对应时间的关联式

5.3　椭球水滴碰撞的模拟

对于常温水滴的碰撞过程,无论是 5.2 节,还是文献中,都有较多的实验研究。但是,以上研究几乎都将水滴碰撞壁面初始时刻的形状近似简化为球形,而实际水滴的碰撞过程总是受到气流[203]和电磁场[204]等诸多因素的干扰,碰撞初始时刻水滴的形状可能会变成非球形。5.2 节的水滴碰撞实验通过多次实验尽量减小实验条件对水滴初始形状的影响,但是仍然在某些实验中观察到了水滴下落过程中的形状波动变化,尽管这种波动幅度并不大,如图 5-13 所示。可以发现,在下落过程中,水滴的形状不停地变化,其宽度和高度以相同的周期波动,并且波峰和波谷恰好相差半个周期,此消彼长。对于重力和表面张力引起的形状波动,可以近似将水滴看成旋转轴沿重力方向的椭球[208]。为了定量研究水滴初始形状对水滴碰撞动力学特性的影响,尤其是对最大铺展系数的影响,考虑到实验中定量控制水滴的形状较为困难,采用数值模拟的方法对椭球水滴的碰撞过程进行研究。

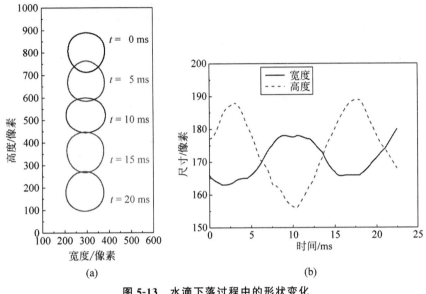

图 5-13　水滴下落过程中的形状变化

(a) 水滴轮廓;(b) 宽度和高度

5.3.1　物理模型与边界条件

　　基于水滴碰撞的物理过程,建立如图 5-14(a)所示的物理模型。壁面设置为无滑移壁面,左侧为旋转对称轴边界,右侧和上侧均为压力出口边界。所有椭球水滴底部距离壁面的高度均为 1 mm,水滴碰撞的 We 数由水滴底部接触壁面瞬间的速度 U_0 计算。定义椭球水滴的高宽比 AR=b_0/a_0,其中 a_0 和 b_0 分别为椭球水滴在水平和垂直方向上的半轴长度,在研究水滴形状对碰撞过程的影响时,保持水滴的体积不变,改变高宽比 AR 可以得到不同初始形状的椭球水滴。

　　借助 Fluent 中的 VOF 多相流模型,同时利用 UDF 文件引入 Kistler 动态接触角模型,对椭球水滴的碰撞过程进行数值模拟,具体原理见 2.3 节中有关数值模拟方法的介绍[199]。所有计算区域均采用结构化网格划分,同时为了在不损失计算精度的前提下,尽量充分利用计算资源,对空气区域划分较粗的结构化网格,而对碰撞过程中水滴流过的区域则进行多次局部加密,最终划分完成的结构化网格如图 5-14(b)所示。

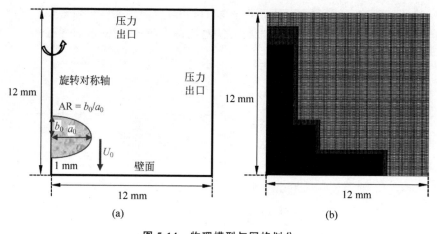

图 5-14　物理模型与网格划分

(a) 物理模型；(b) 结构化网格

5.3.2　网格无关性验证

　　分别在文献[82]和 5.1 节中的实验工况下,对水滴的碰撞过程进行数值模拟,模拟计算为瞬态过程,选择 Pressure-Based 求解器,速度与压力的耦合方式为 PISO 算法,动量和能量控制方程的离散格式都采用二阶迎风(second order upwind)格式,体积分数采用几何重构(geo-reconstruct)格式离散,瞬态时间格式选择一阶隐式算法,残差控制设置为 10^{-6},计算中使用的水和空气的物性参数均见附录表 A-1。

　　计算过程中,采用变时间步长,设置最大库朗(Courant)数不超过 0.1,同时设置最大时间步长不大于 10^{-6} s,最终计算中的实际时间步长在 $10^{-9} \sim 10^{-6}$ s。为了验证网格无关性,先对整个计算区域进行 40 $\mu m \times 40$ μm 尺寸的结构化网格划分,然后对水滴流过的区域依次加密 1 倍、2 倍和 3 倍,对应的网格尺寸分别为 20 $\mu m \times 20$ μm、10 $\mu m \times 10$ μm 和 5 $\mu m \times 5$ μm。采用以上 4 组网格计算得到的水滴碰撞过程的铺展系数如图 5-4 所示。可以很明显地看出,两种实验工况下,随着网格尺寸的减小,铺展系数的变化曲线逐渐重合,10 $\mu m \times 10$ μm 和 5 $\mu m \times 5$ μm 两种网格尺寸的计算结果差别已经很小,并且都能很好地捕捉气液界面,如图 5-15 所示。两种网格尺寸下,水滴半径上对应的网格数量都大于 100,这也与文献[82]中网格尺寸选择相符。综合考虑计算精度和计算所需时间,最终在本章的数值模拟中选用 10 $\mu m \times 10$ μm 的网格尺寸。

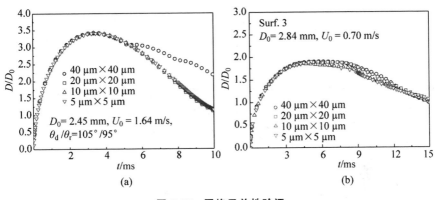

图 5-15　网格无关性验证

（a）文献工况[82]；（b）本书工况

5.3.3　模拟验证

采用动态接触角分别对文献[82]和 5.1 节中的水滴碰撞过程进行数值模拟，同时为了对比，采用静态接触角对相同过程进行计算，最终模拟与实验获得的铺展系数对比结果如图 5-16 所示。可以看出，相比于静态接触角，采用动态接触角模拟的结果明显更接近实验结果，并且这种影响在接触角滞后较大时（见图 5-16(b)）更显著。对于文献[82]和本书实验中的两种工况，相应数值模拟获得的水滴铺展系数整体趋势都与实验结果吻合较好。文献和本书实验获得的最大铺展系数分别为 3.08 和 1.81，相应数值模拟的最大铺展系数分别为 3.26 和 1.86，对应的偏差分别为 5.84% 和 2.76%，说明模型的准确度较高。此外，图 5-17 对比了实验与数值模拟获

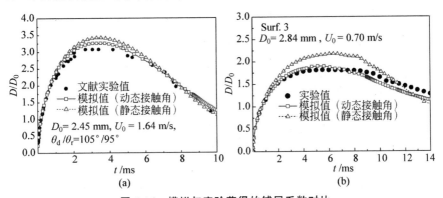

图 5-16　模拟与实验获得的铺展系数对比

（a）文献实验结果[82]；（b）本书实验结果

得的水滴碰撞过程中的形态变化,模拟形态与实验形态也高度吻合。上述结果验证了模型的可靠性,说明该模型可用于模拟和分析水滴的碰撞过程。

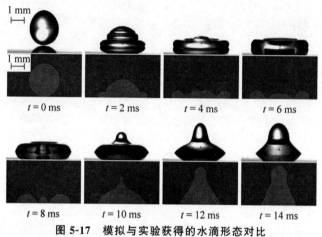

图 5-17　模拟与实验获得的水滴形态对比

表面 Surf. 3, $D_0 = 2.84$ mm, $U_0 = 0.70$ m/s

5.3.4　碰撞参数的影响

本章利用数值模型,对不同 We 数、接触角(θ)和高宽比(AR)下水滴的碰撞过程进行计算,从而探究上述因素对碰撞过程的影响。基于正交实验设计方法,所有的计算工况如图 5-18 所示,其中每一个点代表一种工况条件,总共 57 种工况,We 数、接触角(θ)和高宽比(AR)的变化范围分别为 $10\sim90$、$30°\sim150°$ 和 $0.5\sim2$。所有工况中,都采用 5 μL 大小的椭球水滴,即椭球水滴的等效直径 D_0 为 2.12 mm(与椭球水滴体积相等的圆球水滴的直径),同时所有动态接触角模型中的接触角滞后设置为 20°。

图 5-19 所示为不同 We 数、接触角和高宽比对水滴碰撞过程的影响规律。随着 We 的增大和接触角的减小,水滴的铺展系数会明显增大,这与文献[80]和 5.1 节中的实验结果趋势一致。图 5-19(c)中,随着椭球水滴高宽比的增大,水滴变得更加细长,水滴的铺展过程逐渐变缓,水滴的最大铺展系数及其对应时间都相应增加,主要是由于水滴高宽比增大,水滴高度增加,水滴整体下落的时间会有所增加;同时,在碰撞开始阶段,随着椭球水滴高宽比的增大,水滴与壁面间发生刚性碰撞的面积逐渐减小,更多的碰撞则发生在水滴与壁面上已经形成的水膜之间,从而减缓了水滴碰撞过程中的能量耗散损失,因此最大铺展系数会增加。

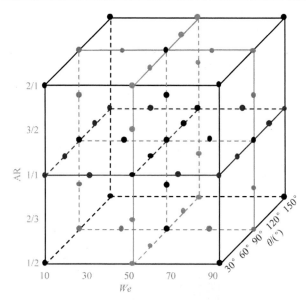

图 5-18　数值模拟的工况（见文前彩图）

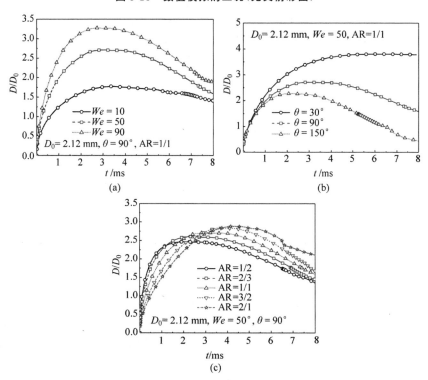

图 5-19　不同因素对铺展系数的影响

（a）We 数；（b）接触角；（c）高宽比

图 5-19(c)仅展示了 $We=50$，$\theta=90°$工况下，水滴初始形状对水滴铺展系数的影响，图 5-20 给出了所有 We 数和接触角条件下，椭球水滴的高宽比对最大铺展系数的影响规律。可以看出，高宽比增大时，水滴的最大铺展系数在所有工况下都会增加；随着 We 数的增大和接触角的减小，这种增加趋势变得更加明显。这主要是由于 We 数较大和接触角较小时，水滴碰撞过程中流体与壁面之间的作用更加强烈，而高宽比的改变会影响水滴与壁面之间的碰撞能量损失，因此更能影响最大铺展系数；而在 We 数较小和接触角较大时，水滴与壁面之间的碰撞几乎没有能量损失，甚至可以近似认为是弹性碰撞[78]，此时高宽比的改变几乎不会影响水滴的最大铺展系数。

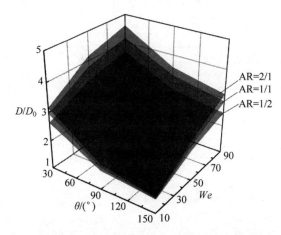

图 5-20　不同因素对椭球水滴最大铺展系数的影响（见文前彩图）

5.4　椭球水滴碰撞的最大铺展系数

5.3.4 节已经分析了不同因素对碰撞过程尤其是最大铺展系数的影响，但是目前文献中已有的水滴最大铺展系数的计算式仅仅包括了 We 数和接触角，没有考虑水滴初始形状的影响。为此，本节将从能量平衡出发，对碰撞过程进行理论分析[206]，推导椭球水滴的最大铺展系数计算式。当水滴达到最大铺展系数时（水滴速度为 0），假设水滴的形态近似为圆柱[206]，其形态如图 5-21 所示。

根据碰撞过程中的能量守恒[206]，椭球水滴在碰撞初始时刻与达到最大铺展系数时刻的能量相等，即

$$E_{k,0}+E_{s,0}=E_k+E_s+W \tag{5-7}$$

其中，$E_{k,0}$ 和 E_k 分别为两个时刻的水滴动能；$E_{s,0}$ 和 E_s 分别为两个时刻的表面能；W 为碰撞过程中的能量耗散。

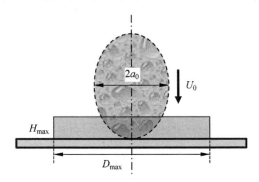

图 5-21　碰撞初始时刻与最大时刻椭球水滴的形态

椭球水滴的初始动能 $E_{k,0}$ 和表面能 $E_{s,0}$ 为

$$E_{k,0} = \frac{1}{2}\rho V_0 U_0^2 = \frac{1}{2}\rho \frac{\pi D_0^3}{6} U_0^2 = \frac{\pi}{12}\rho D_0^3 U_0^2 \tag{5-8}$$

$$E_{s,0} = \pi D_0^2 \sigma \frac{2L_R^3 + 1}{3L_R^2} \tag{5-9}$$

其中，$D_0 = 2a_0 L_R$ 为椭球水滴的等效直径；$L_R = \sqrt[3]{AR}$。

在最大铺展系数时刻，水滴的动能 $E_k = 0$，水滴的表面能 E_s 包括上、下底面和侧面的表面能之和[209]，即

$$E_s = \left(\frac{\pi D_{max}^2}{4} + \pi D_{max} H_{max}\right)\sigma_{gl} + \frac{\pi D_{max}^2}{4}(\sigma_{ls} - \sigma_{gs}) \tag{5-10}$$

水滴铺展阶段主要与前进角 θ_{adv} 有关，根据杨氏（Young）方程可得

$$\sigma_{gs} - \sigma_{ls} = \sigma_{gl}\cos\theta_{adv} \tag{5-11}$$

从而式（5-10）可改写为

$$E_s = \pi\sigma_{gl} D_{max} H_{max} + \frac{\pi}{4}\sigma_{gl} D_{max}^2 (1 - \cos\theta_{adv}) \tag{5-12}$$

水滴碰撞过程中的能量耗散为[77]

$$W = \int_0^{t_{max}} \int_\Omega \Phi \,d\Omega \,dt \approx \Phi\Omega t_{max} \tag{5-13}$$

其中，Φ 为单位体积在单位时间内的能量耗散；Ω 为发生能量耗散的体积。对于水滴碰撞过程，Φ 近似为[210]

$$\Phi \approx \mu \left(\frac{\partial u}{\partial y}\right)^2 \approx \mu \left(\frac{U_0}{\delta_y}\right)^2 \tag{5-14}$$

其中,δ_y 为垂直方向上的特征长度。因此,发生能量耗散的体积为

$$\Omega = \frac{\pi D_{\max}^2 \delta_y}{4} \tag{5-15}$$

δ_y 在圆球水滴碰撞壁面的过程中,一般近似取值为水滴顶点冲击壁面的边界层厚度[76-77]:

$$\delta_y = \delta = 2 \frac{D_0}{\sqrt{Re}} \tag{5-16}$$

同样,对于椭球水滴,其顶点冲击壁面的边界层厚度为

$$\delta = 2 \frac{2b_0}{\sqrt{Re}} = 2 \frac{D_0}{\sqrt{Re}} L_R^2 \tag{5-17}$$

利用文献中对圆球水滴达到最大铺展系数所用时间的推导[77],可以获得椭球水滴达到最大铺展系数的对应时间为

$$t_{\max} = \frac{16b_0}{3U_0} = \frac{8D_0 L_R^2}{3U_0} \tag{5-18}$$

由此,可得椭球水滴的碰撞过程中达到最大铺展系数时的总能量耗散为

$$W \approx \Phi \Omega t_{\max} = \mu \left(\frac{U_0}{\delta}\right)^2 \frac{\pi D_{\max}^2 \delta}{4} \frac{8D_0 L_R^2}{3U_0} = \frac{\pi}{3} \sigma_{gl} D_{\max}^2 \frac{We}{\sqrt{Re}} \tag{5-19}$$

可以看出,虽然以上推导采用了椭球水滴的撞击参数,但是最后得到的能量耗散计算式与圆球水滴的计算式完全相同,并不包含与水滴初始形状相关的参数。5.3.4 节中的数值模拟结果和相关分析已经说明,水滴的初始形状会直接影响碰撞过程中其内部的黏性耗散,高宽比越大,其黏性耗散越小。因此,可利用椭球水滴的形状参数 $L_R = \sqrt[3]{AR}$ 将椭球水滴碰撞过程的能量耗散式修正为

$$W \approx \frac{\pi}{3} \sigma_{gl} D_{\max}^2 \frac{We}{L_R \sqrt{Re}} \tag{5-20}$$

分别将各能量项代入式(5-7),可得到椭球水滴的最大铺展系数计算式为

$$\frac{\pi}{12}\rho D_0^3 U_0^2 + \pi D_0^2 \sigma_{gl} \frac{2L_R^3 + 1}{3L_R^2}$$

$$= \pi \sigma_{gl} D_{\max} H_{\max} + \frac{\pi}{4}\sigma_{gl} D_{\max}^2 (1 - \cos\theta_{adv}) +$$

$$\frac{\pi}{3}\sigma_{gl} D_{\max}^2 \frac{We}{L_R \sqrt{Re}} \tag{5-21}$$

式(5-21)经化简可得椭球水滴的最大铺展系数与 We 数、接触角和高宽比的关系：

$$\left(We + 12\,\frac{2L_R^3 + 1}{3L_R^2}\right)\frac{D_{\max}}{D_0}$$
$$= 8 + \left[3(1 - \cos\theta_{\mathrm{adv}}) + \frac{4We}{L_R\sqrt{Re}}\right]\left(\frac{D_{\max}}{D_0}\right)^3 \tag{5-22}$$

如果将 L_R 取为 1，即椭球水滴变为圆球水滴，则式(5-22)简化为经典的圆球水滴碰撞过程的最大铺展系数关系式：

$$(We + 12)\frac{D_{\max}}{D_0} = 8 + \left[3(1 - \cos\theta_{\mathrm{adv}}) + \frac{4We}{\sqrt{Re}}\right]\left(\frac{D_{\max}}{D_0}\right)^3 \tag{5-23}$$

分别利用式(5-22)和式(5-23)计算不同模拟工况下椭球水滴的最大铺展系数，所有计算值与模拟值的偏差如图 5-22 所示。可以看出，修正前的关系式未体现水滴初始形状对能量耗散的影响，偏差为 $-15\%\sim40\%$，修正后的关系式将此偏差减小到 $-5\%\sim25\%$。因此，修正后的关系式可以更好地预测具有不同初始形状的椭球水滴碰撞过程的最大铺展系数。

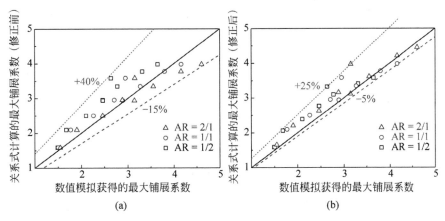

图 5-22　关系式与数值模拟获得的最大铺展系数比较

(a) 修正前；(b) 修正后

5.5　本章小结

本章基于制备的 5 种不同润湿性的表面，开展了常温水滴碰撞实验，分析了 We 数和接触角对水滴碰撞特性的影响，并在最大铺展系数及其对应时间的关联式中耦合了接触角的影响。引入动态接触角模型,建立了水滴碰撞过程的数值模型,利用实验结果验证了模型的准确性,通过一系列不同工况下的数值模拟,研究了椭球水滴的初始形状对其碰撞动力学特性的影响,并结合理论分析给出了最大铺展系数的关系式。最终得到如下结论。

(1) 在不同的表面上,水滴的碰撞过程主要包括铺展、收缩、振荡和稳定 4 个阶段。铺展阶段,在惯性力的主导作用下,水滴的三相线逐渐铺展,水滴的动能和重力势能转换为表面能,达到最大铺展系数时,水滴的表面能最大且动能为 0;收缩阶段,在表面张力的主导作用下,水滴的三相线逐渐收缩,水滴的表面能又转换为动能和重力势能;振荡阶段,由于实际表面存在一定的接触角滞后,水滴的三相线在某一位置停止移动,但是水滴在高度方向上仍然不断地周期性振荡;稳定阶段,由于黏性耗散的作用,水滴的动能全部损失,水滴在高度方向上也完全停止运动。

(2) 随着 We 数的增大和接触角的减小,水滴的铺展速度逐渐加快,相同时刻的铺展系数逐渐增大,其最大铺展系数也相应地增大。最大铺展系数的对应时间会随着 We 数和接触角的增大而减小。随着 We 数的增大,水滴高度的下降速度逐渐加快,相同时刻的水滴的高度系数和首次局部最小高度系数也会相应减小,而水滴高度系数的变化几乎不受表面特性的影响。首次局部最小高度系数的对应时间几乎都不受 We 数和接触角的影响。水滴高度的振荡周期随着接触角的增大而增大,随着 We 数的增大会先增大后减小。在最大铺展系数及其对应时间的计算关联式中引入 $(1-\cos\theta_{adv})^{1/2}$,可以很好地统一不同表面上的实验测量结果。

(3) 引入动态接触角,采用 VOF 多相流模型可以准确地模拟水滴碰撞过程中的铺展系数和水滴形态变化。随着 We 数的增大和接触角的减小,水滴的铺展系数会明显增大;随着椭球水滴的高宽比增大,水滴的铺展速度变缓,最大铺展系数及其对应时间都会增大;在较大 We 数和较小接触角时,椭球水滴与壁面之间的相互作用更强,其高宽比对水滴最大铺展系数的影响更加明显。

(4) 椭球水滴的高宽比越大,其在碰撞前期与表面发生刚性碰撞的面积越小,而在后期与表面水膜的碰撞更多,因此碰撞带来的黏性耗散和能量损失更小。基于经典圆球水滴碰撞过程中最大铺展系数的理论计算关系式,采用椭球水滴的初始高宽比对其中的能量耗散项进行修正后,可以将最大铺展系数的计算偏差从 $-15\%\sim40\%$ 减小到 $-5\%\sim25\%$。

第6章 冷面上过冷水滴碰撞结冰的实验与模拟

结合第 3 章关于静置过冷水滴的成核再辉特性、第 4 章关于静置过冷水滴的冻结特性和第 5 章关于水滴的碰撞动力学特性三方面的研究,本章将耦合过冷水滴的结冰与碰撞两个过程,开展碰撞结冰的实验与模拟工作。由于过冷水滴碰撞结冰的实验难度较大,目前文献中的研究更多聚焦于常温水滴撞击冷表面而发生结冰的过程,较少涉及过冷水滴碰撞结冰的耦合特性,亦未形成统一的碰撞结冰形态分布图。为此,本章将首先开展常温水滴和过冷水滴碰撞冷面的结冰实验,同时结合第 5 章中常温水滴的碰撞动力学特性进行对比分析,然后考虑过冷效应,建立过冷水滴碰撞结冰的数值模型,并利用实验结果验证模型,最后通过不同工况下的一系列模拟结果,综合分析不同因素(We 数、接触角、过冷度等)对过冷水滴碰撞结冰过程的影响,获得统一的碰撞结冰形态分布图。

6.1 过冷水滴的碰撞结冰实验

6.1.1 实验工况

分别在亲水表面 Surf.2(39°/100°)和超疏水表面 Surf.5(155°/165°)上开展常温水滴与过冷水滴的碰撞结冰实验。实验工况的环境温度分别为 15℃(常温水滴)和 -5℃(过冷水滴),水滴直径为 2.84 mm,碰撞速度为 0.70 m/s,冷面温度控制在 -20℃,具体实验工况见表 6-1。实验时高速相机的拍摄分辨率为 1024×1024,拍摄速率为 2000 fps。

表 6-1 过冷水滴碰撞结冰的实验工况

水滴体积 /μL	水滴直径 /mm	碰撞速度 /(m/s)	We 数	Re 数	冷面温度 /℃	空气温度 /℃
12	2.840±0.035	0.70	19.18	1981.77	-20±0.5	15±0.5 -5±0.5

　　结合 5.1 节中常温水滴的碰撞实验,可以得到三组空气温度与冷面温度的组合实验工况:(i) $T_a = 15℃$,$T_s = 15℃$;(ii) $T_a = 15℃$,$T_s = -20℃$;(iii) $T_a = -5℃$,$T_s = -20℃$。工况(i)为常温水滴碰撞常温表面,工况(ii)为常温水滴碰撞冷表面,工况(iii)为过冷水滴碰撞冷表面,对比工况(i)和(ii)可以分析冷表面对碰撞结冰过程的影响,对比工况(ii)和(iii)可以分析水滴过冷效应对碰撞结冰过程的影响。

6.1.2　碰撞与结冰特征

　　图 6-1 给出了三组实验工况下的水滴碰撞与结冰过程图像,图 6-2 为从实验图像中提取的水滴铺展系数变化。

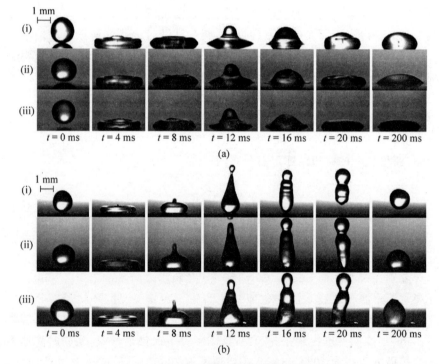

图 6-1　三组实验工况下水滴的碰撞与结冰过程

(a) 亲水表面 Surf. 2(39°/100°);(b) 超疏水表面 Surf. 5(155°/165°)

(i) $T_a = 15℃$,$T_s = 15℃$;(ii) $T_a = 15℃$,$T_s = -20℃$;(iii) $T_a = -5℃$,$T_s = -20℃$

　　对比工况(i)和工况(ii)下的实验结果可以发现,无论是亲水表面 Surf. 2 还是超疏水表面 Surf. 5,冷表面的存在几乎不影响常温水滴碰撞后的铺展

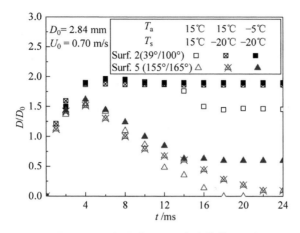

图 6-2　三组实验工况下水滴的铺展系数

阶段,但是会影响常温水滴的收缩阶段。对于亲水表面 Surf.2,常温水滴
在碰撞冷表面达到最大铺展系数后,底部形成一层薄薄的冰层,因此几乎没
有观察到类似碰撞常温表面后的收缩阶段(见图 6-1(a)),同时可以看到,常
温水滴碰撞冷表面后的最终稳态接触角明显小于其碰撞常温表面后的最终
稳态接触角,常温水滴碰撞冷表面后的最终稳定铺展系数明显大于其碰撞
常温表面后的最终稳定铺展系数(见图 6-2)。对于超疏水表面 Surf.5,虽
然冷表面对收缩阶段的影响没有亲水表面 Surf.2 上的明显,但是也会影响
收缩速率;在−20℃的冷面温度下,常温水滴碰撞超疏水表面后会由于冷
面作用而结冰,在壁面上形成一个粘附点,从而使水滴最终停留在冷表面
上,因此常温水滴碰撞冷的超疏水表面后不能完全脱离冷表面,无法表现出
常温水滴碰撞常温超疏水表面时所表现出的完全反弹特性。

　　对比工况(ii)和工况(iii)可以看出,无论是亲水表面 Surf.2 还是超疏
水表面 Surf.5,过冷水滴与常温水滴碰撞结冰过程的不同也主要存在于收
缩阶段,包括水滴的形态和铺展系数。对于亲水表面 Surf.2,虽然从铺展
系数上来看,在铺展阶段和收缩阶段二者的区别不大,但是由图 6-1(a)中的
实验照片可以看出,在收缩阶段,过冷水滴底部的冰层厚度明显比常温水滴
的厚,并且由于过冷效应的存在,在过冷水滴的三相线停止运动后,可以明
显地看到水滴内部形成的冰水混合物,水滴内部变得不透明,同时水滴的稳
态轮廓由于冻结速率过快的影响也与常温水滴的稳态轮廓明显不同。对于
超疏水表面 Surf.5,在收缩阶段中,过冷水滴三相线发生结冰的时间明显
早于常温水滴三相线发生结冰的时间,过冷水滴最终停留在冷表面的稳态

铺展系数也明显大于常温水滴的稳态铺展系数（见图 6-2）。此外可以观察到，200 ms 时，由于过冷水滴的成核再辉作用，水滴内部形成了均匀的冰水混合物，并且水滴的外部轮廓由于环境温度过低形成了一层不规则冰壳，明显不同于常温水滴在冷面上的稳态轮廓。

6.2　过冷水滴的碰撞结冰模拟

由于实验条件的限制，本书只能将过冷水滴的温度控制在－5℃左右。如需进一步降低过冷水滴的温度，一方面，对实验环境的要求较高，另一方面，过冷水滴的成核过程将明显加快。为了进一步研究不同条件（We 数、接触角和过冷度）下过冷水滴碰撞结冰的耦合特性，本章采用数值模拟的方法进行探讨，并充分利用前 3 章中已有的数值模拟工作基础。

6.2.1　过冷效应的引入

对于过冷水滴的碰撞结冰过程，在实验中已经观察到了与静置过冷水滴类似的成核再辉阶段，同样在数值模拟的过程中需要考虑过冷效应。考虑到碰撞过程的冲击作用将会很大程度上提高过冷水滴的成核概率，本章在模拟过冷水滴的碰撞结冰时，假设过冷水滴碰撞冷表面瞬间即开始发生成核再辉，成核再辉一般发生在水滴与壁面的接触处，且成核再辉速率大于水滴的铺展速率，因此在碰撞结冰的过程中，实际上是冰水混合物与冷表面发生相互作用。采用与第 4 章中计算水滴冻结特征时相同的处理方法，通过 3.4 节中的能量分析，将过冷效应引起的成核再辉阶段转换为数值模拟的初始条件，体现在水滴的体积、物性参数和初始温度上。

6.2.2　物理模型与边界条件

将水滴过冷效应引起的成核再辉转换为初始条件考虑后，模拟过冷水滴碰撞结冰过程的物理模型与图 5-14 中的物理模型类似，只需将常温表面换成冷表面即可，如图 6-3 所示。冷表面设置为无滑移壁面，左侧为旋转对称轴边界，右侧和上侧均为压力出口边界。在本章模拟中，水滴的初始形状均为圆球形，所有水滴中心距离壁面的高度均为水滴直径 D_0，水滴碰撞的 We 数由水滴底部接触壁面瞬间的速度 U_0 计算得到。

借助 Fluent 中的 VOF 多相模型和凝固/融化相变模型，同时利用 UDF 文件引入 Kistler 动态接触角模型，对过冷水滴的碰撞结冰耦合过程进行数值模拟,具体原理见 2.3 节中有关数值模拟方法的介绍[199]。所有计算区域均采用结构化网格划分,划分原则和加密方法与图 5-14(b)相同。

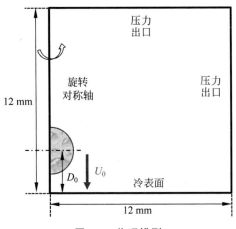

图 6-3 物理模型

6.2.3 网格无关性验证

文献[103]和 6.1 节中分别进行了常温水滴和过冷水滴的碰撞结冰实验,本章对上述两组实验相应工况下水滴的碰撞结冰过程进行数值模拟,模拟参数设置与 5.3.2 节相同,计算中使用的冰和水的所有物性参数都随温度发生变化(其处理方法与 4.2.2 节相同),空气的物性参数为常物性参数,具体见附录表 A-1。

计算过程中,采用变时间步长,设置最大 Courant 数不超过 0.1,同时设置最大时间步长不大于 10^{-6} s,最终计算中的实际时间步长为 $10^{-9} \sim 10^{-6}$ s。采用与 5.3.2 节相同的 4 组网格计算水滴的碰撞结冰过程,最终得到的不同网格尺寸下的铺展系数如图 6-4 所示。同样可以看出,对于常温水滴和过冷水滴的碰撞结冰耦合过程,采用 $10 \ \mu m \times 10 \ \mu m$ 和 $5 \ \mu m \times 5 \ \mu m$ 两种网格尺寸计算的结果差别已经很小,并且都能很好地捕捉气液界面,因此,在本章的数值模拟中同样选用 $10 \ \mu m \times 10 \ \mu m$ 的网格尺寸。

6.2.4 模拟验证

分别对文献[103]中的常温水滴碰撞结冰过程和 6.1 节中的过冷水滴碰撞结冰过程进行模拟,模拟与实验获得的铺展系数对比如图 6-5 所示。可以看出,对于文献[103]和本书实验中的两种工况,数值模拟获得的过冷

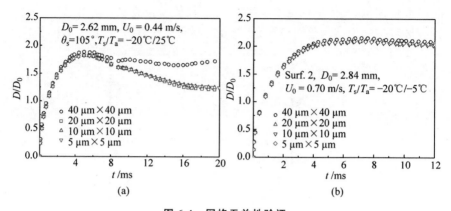

图 6-4　网格无关性验证

(a) 文献工况[103]；(b) 本书工况

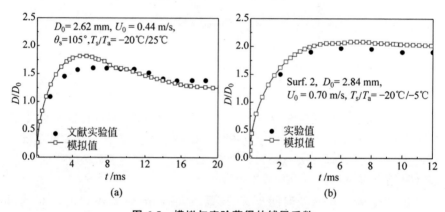

图 6-5　模拟与实验获得的铺展系数

(a) 文献工况[103]；(b) 本书工况

水滴铺展系数整体趋势都与实验结果吻合较好。文献和本书实验获得的最大铺展系数分别为 1.60 和 1.97，相应数值模拟获得的最大铺展系数分别为 1.81 和 2.08，对应的偏差分别为 13.1% 和 5.58%；文献和本书实验获得的稳态铺展系数分别为 1.35 和 1.90，相应数值模拟获得的稳态铺展系数分别为 1.25 和 2.02，对应的偏差分别为 -7.41% 和 6.32%。以上最大铺展系数和稳态铺展系数的对比均说明模型的准确度较高。此外，图 6-6对比了本书实验与数值模拟获得的过冷水滴碰撞结冰过程中的形态变化，模拟形态与实验形态也吻合较好。上述分析验证了数值模型的可靠性，说明该模型可以用于模拟和分析过冷水滴的碰撞结冰过程。

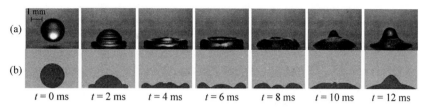

图 6-6　模拟与实验获得的过冷水滴形态

亲水表面 Surf. 2, $D_0 = 2.84$ mm, $U_0 = 0.70$ m/s, $T_s/T_a = -20℃/-5℃$

6.3　模拟结果分析

6.3.1　过冷效应的影响

为了对比分析, 图 6-7 给出了考虑与不考虑过冷效应两种计算模型得到的水滴碰撞结冰过程中的铺展系数和水滴形态。可以看出, 过冷效应几乎不影响水滴的铺展阶段, 但是在收缩阶段, 考虑过冷效应模型计算得到的铺展系数比不考虑过冷效应模型的计算值稍大。这主要是由于本书将过冷效应引起的成核再辉转换为初始条件参数添加在模型中, 因此在考虑过冷效应的模型中, 初始时刻的冰水混合物具有更小的凝固潜热, 水滴三相线处更容易发生结冰, 导致三相线的运动变得更加困难, 从而在收缩阶段具有较大的铺展系数, 如图 6-7(b)所示。整体来看, 数值模拟的对比结果与 6.1

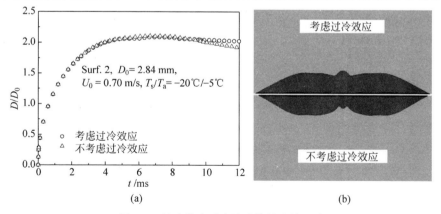

图 6-7　过冷效应对水滴碰撞结冰的影响

(a) 铺展系数; (b) 水滴形貌

节中实验观察到的过冷效应对水滴碰撞结冰过程的影响一致。此外,由于在本书的实验工况中,水滴的过冷度只有 5℃,因此过冷效应的影响尚不显著,导致图 6-7 中两种模型计算结果的差别不是很大。根据成核再辉阶段的能量分析计算,过冷度越大,这种差别将会越明显。

6.3.2　碰撞参数的影响

对于过冷水滴的碰撞结冰研究,在防结冰领域中比较关心的是过冷水滴碰撞冷表面后结冰是否会发生,水滴是否会被粘附在表面上。一般来说,水滴碰撞常温表面后的反弹和脱离都发生在疏水表面上,因此对于过冷水滴的碰撞结冰过程,如果希望过冷水滴碰撞壁面后能够反弹并脱离冷表面,表面至少为疏水表面。为此,利用本章的数值模型,对疏水表面(接触角 $\theta \geqslant 90°$)上过冷水滴的碰撞结冰过程进行计算,并研究不同 We 数和过冷度的影响,最终确定的计算工况如表 6-2 所示。在所有模拟工况中,都采用 5 μL 的水滴,即水滴直径为 2.12 mm,同时所有动态接触角模型中的接触角滞后设置为 20°。考虑到实际环境中稳定存在的过冷水滴一般已经与环境进行了长时间的充分换热,因此水滴与周围环境一般具有相同的温度,为了简化分析,在后续的数值模拟中都假设水滴、空气和冷表面在碰撞前具有相同的温度(或过冷度)。

表 6-2　数值模拟的工况

We 数	接触角 $\theta/(°)$	过冷度 $\Delta T/℃$
10、30、50、70、90	90	5、7.5、10、12.5、15
	120	5、7.5、10、12.5、15、20
	150	5、10、15、17.5、20、22.5、25、27.5、30

图 6-8 所示为 We 数、接触角和过冷度对过冷水滴碰撞结冰过程的影响规律,同时为了对比分析,图中还给出了第 5 章中在相同 We 数和接触角下常温水滴碰撞常温表面的模拟结果。可以看出,在所有工况下,相比于常温水滴,过冷水滴都铺展和收缩得更慢,因此其碰撞结冰过程的最大铺展系数都更小,而稳态铺展系数则更大。这主要是由于低温和冰相的形成导致水滴的黏度增加,同时三相线结冰后无法移动。对于过冷水滴的铺展阶段,随着 We 数的增大和接触角的减小,相同时间时水滴的铺展系数都更大,且与常温水滴碰撞结冰过程的差别逐渐增大。过冷度的增大对铺展阶段影响较小,而在收缩阶段,过冷度增大会使过冷水滴的三相线更早地被冻结,因此最终的稳态铺展系数会更大,与常温水滴碰撞结冰过程的差别也增大。

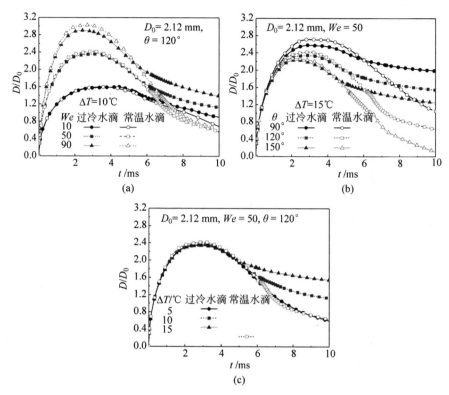

图 6-8　不同因素对过冷水滴碰撞结冰过程的影响（见文前彩图）

（a）We 数；（b）接触角；（c）过冷度

6.3.3　碰撞结冰的形态

对于过冷水滴的碰撞结冰耦合过程，基于以上不同因素对铺展系数的影响规律，进一步将疏水表面上过冷水滴碰撞结冰的最终形态分为 3 种：完全反弹、部分反弹和完全粘附，图 6-9 所示为 $We = 50$，$\theta = 120°$ 时，在不同的过冷度下，过冷水滴碰撞结冰后的 3 种典型形态。

由于过冷水滴的碰撞结冰过程涉及结冰与碰撞的耦合，因此其最终形态不仅与过冷度有关，还与 We 数直接相关。按照图 6-9 所示的 3 种典型形态，对不同疏水表面上所有模拟工况下过冷水滴碰撞结冰的最终形态进行分类，得到碰撞结冰的最终形态分布，如图 6-10 所示。可以看出，不同疏水表面上的 3 种典型形态的分界限也是不同的：相同 We 数下，水滴发生完全反弹和部分反弹的临界过冷度会随着表面接触角的增加而增大。

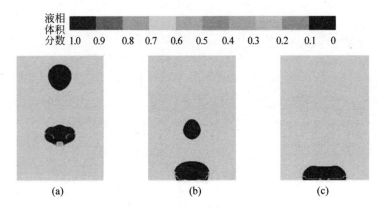

图6-9　3种典型的碰撞结冰的最终形态(见文前彩图)

$We = 50, \theta = 120°, t = 20 \text{ ms}$

(a) $\Delta T = 5℃$,完全反弹; (b) $\Delta T = 10℃$,部分反弹; (c) $\Delta T = 15℃$,完全粘附

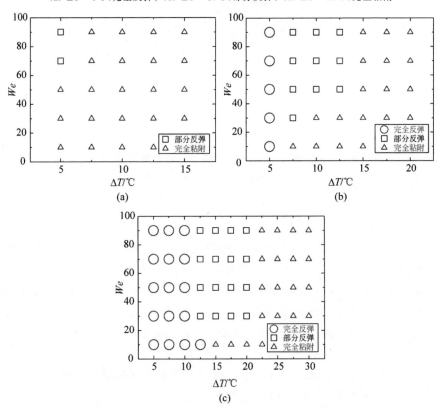

图6-10　不同疏水表面上碰撞结冰的最终形态分布

(a) $\theta = 90°$; (b) $\theta = 120°$; (c) $\theta = 150°$

为了统一不同疏水表面上碰撞结冰的形态分布,在形态分布图的横坐标中引入接触角的影响,借鉴 5.4 节中分析水滴碰撞过程时铺展系数与 $\cos\theta$ 的关系,将分布图中的横坐标由 ΔT 改为 $\Delta T/|\cos\theta|$,由此形成的形态分布如图 6-11 所示,图中同时包含了 We 数、接触角和过冷度对碰撞结冰最终形态的影响规律。相同 We 数下,过冷水滴碰撞后发生完全反弹和部分反弹的界限由 $\Delta T/|\cos\theta|$ 确定,因此疏水表面的接触角越大,$|\cos\theta|$ 就越大,其对应的临界过冷度 ΔT 也越大。

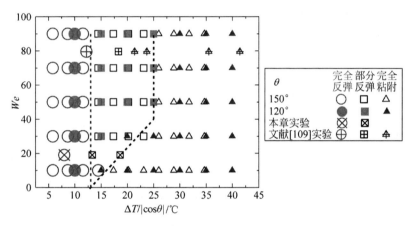

图 6-11 统一的碰撞结冰形态分布

在本书的研究工况范围内,利用图 6-11 可以获得不同 We 数、接触角和过冷度下过冷水滴碰撞结冰最终形态的分界线,即

完全反弹

$$\frac{\Delta T}{|\cos\theta|} \leqslant 13, \quad 0 < We \leqslant 90 \tag{6-1}$$

完全粘附

$$\begin{cases} \dfrac{\Delta T}{|\cos\theta|} \geqslant 25, & 40 \leqslant We \leqslant 90 \\[3mm] \dfrac{10}{3}\left(\dfrac{\Delta T}{|\cos\theta|} - 13\right) + We \leqslant 0, & 0 < We \leqslant 40 \end{cases} \tag{6-2}$$

图 6-11 中⊗为代表本章的实验数据,⊕代表文献[109]中的实验数据,可以看出二者的实验结果近似满足上述形态分界线。根据完全反弹的条件 $\Delta T/|\cos\theta| \leqslant 13$,可以推导出,超疏水表面能够完全反弹的最大过冷度 $\Delta T \approx 13℃$。但在文献[109]实验中观察到,在表面温度 $T_s = -15℃$ 时,过

冷水滴撞击超疏水表面仍然能够反弹,这与上述反弹条件不太符合的主要原因有两点:①文献[109]中虽然表面温度 T_s 为 $-15℃$,但是水滴温度 T_a 仅为 $-5℃$,而本章反弹条件中定义的过冷度 ΔT 约为 $13℃$,是指水滴、空气和冷表面的温度同时为 $-13℃$;②本章的数值模拟假设过冷水滴碰撞壁面瞬间即从壁面附近开始发生成核再辉,实际上,由于成核温度的随机性,碰撞瞬间不一定发生成核再辉,同时考虑到成核再辉阶段的持续时间,过冷水滴碰撞冷面后发生反弹的可能性会更大。因此,在实际情况下,超疏水表面能够完全反弹的临界过冷度可能大于 $13℃$,$\Delta T/|\cos\theta|\leqslant13$ 是过冷水滴碰撞结冰过程中发生完全反弹的充分条件,其确定的是完全反弹的最小临界过冷度。

6.4　本章小结

　　本章实验观察了过冷水滴与常温水滴碰撞冷表面的结冰过程,并将其与常温水滴碰撞常温表面的过程进行比较,分析了冷表面和过冷效应对碰撞结冰过程的影响。考虑过冷效应并引入动态接触角,建立了过冷水滴碰撞结冰的数值模型,通过一系列数值模拟,探究了 We 数、接触角和过冷度对过冷水滴碰撞结冰过程的影响。得到如下结论。

　　(1) 相比于常温水滴的碰撞结冰过程和常温水滴的碰撞过程,过冷水滴碰撞结冰过程的主要不同点在于收缩阶段的水滴形态和铺展系数。无论是对于亲水表面还是超疏水表面,过冷水滴碰撞结冰过程中水滴内部都会形成均匀的冰水混合物,水滴底部冰层更厚,在三相线由于结冰停止运动后,水滴的稳态铺展系数更大,水滴轮廓也由于结冰的作用形成了一层不规则冰壳。对于超疏水表面,由于三相线处发生结冰,过冷水滴碰撞冷表面后不能脱离表面,无法表现出常温水滴碰撞常温表面时所表现出的完全反弹特性。

　　(2) 将过冷效应引起的成核再辉转换为数值模拟的初始条件,体现在水滴的物性参数和初始温度上,由此建立的数值模型可实现对过冷水滴碰撞结冰过程的模拟,获得较准确的水滴形态和铺展系数。相比于常温水滴的碰撞结冰过程,过冷水滴在碰撞结冰的过程中由于成核再辉形成冰水混合物,其凝固潜热较纯水更小,因此在收缩阶段更容易发生结冰,三相线被更早地冻结,从而使其最终的稳态铺展系数较大。

　　(3) 随着 We 数的增大和接触角的减小,过冷水滴碰撞冷表面后的铺展系数(包括最大铺展系数和稳态铺展系数)逐渐增大。过冷度的增加对于过冷水滴碰撞过程的铺展阶段影响较小,而在收缩阶段,过冷度越大,水滴的三相线越早被冻结,最终形成的稳态铺展系数也更大。

(4) 过冷水滴碰撞疏水冷表面后的最终形态有完全反弹、部分反弹和完全粘附 3 种,3 种形态的分界线受 We 数、接触角和过冷度的影响。相同 We 数下,过冷水滴发生完全反弹和部分反弹的临界过冷度随着表面接触角的增加而增大。引入接触角的影响,将碰撞结冰形态分布图的横坐标改为 $\Delta T/|\cos\theta|$,可统一不同疏水表面上过冷水滴碰撞结冰后的最终形态分布,结合模拟结果得到过冷水滴碰撞结冰过程中发生完全反弹的充分条件为 $\Delta T/|\cos\theta| \leqslant 13$。

第7章 宏观变物性积冰模型

前面所有章节的研究都是围绕单个过冷水滴的结冰与碰撞特性展开的,实际上,在常规情况下能够形成宏观影响的冰层是许多单个水滴碰撞结冰积累的结果。因此,本章在单个微观水滴碰撞结冰特性研究的基础之上,开展宏观积冰过程的研究,探索如何将单个微观水滴的碰撞结冰特性与宏观积冰特性联系起来。本章首先将分析单个水滴的碰撞结冰与宏观积冰之间的联系,然后基于分析建立改进的宏观积冰模型,接着围绕此模型探究来流参数引起的冰层物性参数变化对宏观积冰特性的影响,最后结合计算结果给出不同模型选择的建议。

7.1 物 理 模 型

在 1.2.4 节文献综述中已经说明,来流的速度会影响宏观冰层的形状和密度,图 1-7 也描述了一种简单的单个微观过冷水滴碰撞结冰后集聚成宏观冰层的二维结构[163]。在实际宏观积冰的过程中,当冷面温度很低时,过冷水滴撞击壁面后瞬间全部冻结,最终会堆积形成包含空气的多孔状霜冰层。随着积冰时间的推移,冰层厚度会逐渐增加,导热热阻会逐渐增大,暴露在最外层的表面温度则会逐渐升高,此时过冷水滴撞击后并不能瞬间全部冻结,部分未冻结的过冷水会在冰层表面慢慢形成一层水膜,进而开始形成明冰。因此,最终的宏观冰层实际上包含底部密度逐渐变化的霜冰层和上部常见的明冰层。

针对上述变物性积冰过程,建立如图 7-1 所示的通用一维宏观积冰模型。积冰初期,过冷水滴撞击后瞬间全部结冰,只有霜冰层形成,称为干模式积冰阶段。此阶段中,霜冰层密度会随着积冰过程的进行和霜层厚度的增加而变化。当积冰过程进行到某时刻时,过冷水滴撞击后部分结冰,冰层表面开始出现水膜,冰层变为明冰,此时由干模式积冰阶段转变为湿模式积冰阶段。两种积冰模式的转变时间为临界时间,对应的冰层厚度为临界冰层厚度。无论是结冰时间持续较短,最终仅仅只形成霜冰层,还是冷面温度较高,一开始就形成明冰层,都可以通过此简化模型进行描述。

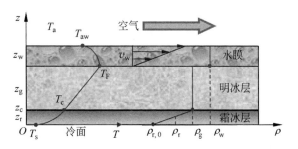

图 7-1　宏观积冰过程的变物性霜冰层积冰模型

为了便于分析,对以上模型进行以下简化:①不考虑宏观积冰过程中的成核问题;②冰层和水膜内的导热都是准稳态过程,相变过程为等温相变,冰水界面处不存在过冷度;③假设霜冰层的物性参数随冰层厚度线性变化,而明冰层和水膜的物性参数为常数;④湿模式积冰阶段,在气流剪切力作用下,水膜内的流动近似为 Couette(库艾特)流动,其速度分布沿水膜厚度线性变化。

此外,在本章的描述中,将同时考虑了霜冰层物性参数变化和水膜流动的积冰模型称为 PVRI-RW(property-variable rime ice and runback water)模型,将文献中未考虑霜冰层密度变化但考虑水膜流动的积冰模型称为 PCRI-RW(property-constant rime ice and runback water)模型,将仅考虑了霜冰层物性参数变化但是未考虑水膜流动的对比模型称为 PVRI(property-variable rime ice)模型。

7.1.1　霜冰物性参数

结合文献中的实验结果[169,172,211],在自然积冰条件下,霜冰密度与来流参数的关系式为

$$\begin{cases} \rho_r = 1000\exp\left[-0.15 \times \left(1 + \dfrac{6043}{S_\rho^{2.65}}\right)\right] \\[3mm] S_\rho = \dfrac{MVD^{0.82}U_a^{0.59}(1000\varphi)^{0.21}}{(10D_s)^{0.48}(-T_a)^{0.23}} \end{cases} \tag{7-1}$$

其中,MVD(mean volume diameter)是来流中过冷水滴的平均体积直径(μm);U_a 是来流速度(m/s);φ 是来流中的液态水含量(g/m^3);D_s 是表面的前缘直径(m);T_a 是来流温度(℃)。图 7-2 为霜冰密度随来流参数

S_ρ 的变化,可以看出,当 S_ρ 小于 100 时,随着来流参数 S_ρ 的增大,霜冰密度迅速增大;当 S_ρ 大于 100 时,霜冰密度几乎不再变化,此时霜冰的密度为 861 kg/m³,略低于常见明冰的密度 917 kg/m³(见附录表 A-1),这主要是由于文献[169]、文献[172]和文献[211]实验中获得的霜冰与常见明冰的形成过程不同。

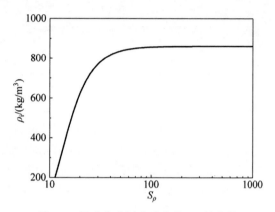

图 7-2　霜冰密度随来流参数 S_ρ 的变化

当来流参数已知时,利用式(7-1)计算表面处霜冰层的底部初始密度 $\rho_{r,0}$,从而获得其对应的初始冰相分数 $\alpha_{r,0}$:

$$\alpha_{r,0} = \frac{\rho_{r,0} - \rho_a}{\rho_g - \rho_a} \tag{7-2}$$

结合霜冰的形成过程可以看出,霜冰实际上是一种包含空气的多孔物质,其有效热导率可借鉴多孔介质中的计算公式[212-213],由此获得霜冰层底部的初始热导率:

$$k_{r,0} = k_g \cdot \frac{2k_g + k_a - 2(1 - \alpha_{r,0})(k_g - k_a)}{2k_g + k_a + (1 - \alpha_{r,0})(k_g - k_a)} \tag{7-3}$$

结合霜冰层的灰度分析[136],假设霜冰层内的冰相分数沿冰层厚度线性变化,可以得到,从底部 $z=0$ 到临界冰层厚度 $z=z_c$,霜冰层内的冰相分数分布为

$$\alpha_r = B_a z + \alpha_{r,0}, \quad B_a = \frac{1 - \alpha_{r,0}}{z_c}, \quad 0 \leqslant z \leqslant z_c \tag{7-4}$$

因此,与冰相分数相关的霜冰密度也会随着冰层厚度线性变化,即

$$\rho_r = B_\rho z + \rho_{r,0}, \quad B_\rho = \frac{\rho_g - \rho_{r,0}}{z_c}, \quad 0 \leqslant z \leqslant z_c \tag{7-5}$$

同时,霜冰层的有效热导率随冰层厚度的变化关系也可借助式(7-3)计算

得到：

$$
\begin{cases}
k_r = k_g \cdot \dfrac{2k_g + k_a - 2(1-\alpha_r)(k_g - k_a)}{2k_g + k_a + (1-\alpha_r)(k_g - k_a)} \approx B_k z + k_{r,0} \\[2mm]
B_k = \dfrac{k_g - k_{r,0}}{z_c} \\[2mm]
0 \leqslant z \leqslant z_c
\end{cases}
\tag{7-6}
$$

7.1.2　控制方程与边界条件

（1）干模式阶段

对于准稳态导热过程，图 7-1 中霜冰层内的一维导热方程为

$$
\frac{\partial}{\partial z}\left(k_r \frac{\partial T_r}{\partial z}\right) = 0
\tag{7-7}
$$

同时，结合质量守恒，干模式积冰阶段的冰层生长速率与来流参数的关系为

$$
\rho_r \frac{\mathrm{d}z_r}{\mathrm{d}t} = \varphi U_a \beta
\tag{7-8}
$$

其中，β 为液态水收集率，是一个与来流参数和翼型有关的量，一般可通过数值模拟获得[24]。

（2）湿模式阶段

对于明冰层内的准稳态导热过程，其一维导热方程为

$$
\frac{\partial^2 T_g}{\partial z^2} = 0
\tag{7-9}
$$

由此，可得到明冰层内的线性温度分布为

$$
T_g = \frac{T_F - T_c}{z_g}(z - z_c) + T_c
\tag{7-10}
$$

对于水膜内的流动与传热问题，采用一维 Couette 流动方程描述，因此水膜内的一维动量方程和能量方程分别为

动量方程
$$
\mu_w \frac{\mathrm{d}^2 v_w}{\mathrm{d}z^2} = 0
\tag{7-11}
$$

能量方程
$$
k_w \frac{\mathrm{d}^2 T_w}{\mathrm{d}z^2} = -\mu_w\left(\frac{\mathrm{d}v_w}{\mathrm{d}z}\right)^2
\tag{7-12}
$$

结合质量守恒，湿模式积冰阶段的冰层生长速率与来流参数的关系为

$$
\rho_g \frac{\mathrm{d}z_g}{\mathrm{d}\tau} = f_F \varphi U_a \beta
\tag{7-13}
$$

其中，f_F 为水冻结分数，即单位时间完全冻结的水与总共收集到的水的质量之比。在干模式积冰阶段，水冻结分数 f_F 为1。

（3）边界条件

冰层底部与表面完全接触，二者的温度相等：

$$T_r(z=0) = T_s \tag{7-14}$$

在临界冰层厚度处，存在霜冰与明冰的交界面，二者的温度、热流密度和物性参数都具有连续性，可得

$$\begin{cases} T_r(z=z_c) = T_g(z=z_c) = T_c \\ -k_r \left. \dfrac{\partial T_r}{\partial z} \right|_{z=z_c} = -k_g \left. \dfrac{\partial T_g}{\partial z} \right|_{z=z_c} \end{cases} \tag{7-15}$$

$$\begin{cases} \rho_r \mid_{z=z_c} = \rho_g \\ k_r \mid_{z=z_c} = k_g \end{cases} \tag{7-16}$$

在明冰与水膜的交界面处，实际上是经典 Stefan 问题，两侧的热流密度满足

$$\rho_g L_w \frac{\mathrm{d}z_g}{\mathrm{d}t} = k_g \frac{\partial T_g}{\partial z} - k_w \frac{\partial T_w}{\partial z} \tag{7-17}$$

对于水膜内的流动和传热，水膜底部与明冰接触，其温度和速度边界为

$$\begin{cases} T_w(z=z_i) = T_F \\ v_w(z=z_i) = 0 \end{cases} \tag{7-18}$$

水膜顶部在空气的剪切力作用下，其温度和速度边界为

$$\begin{cases} T_w(z=z_i + z_w) = T_{aw} \\ v_w(z=z_i + z_w) = U_w \end{cases} \tag{7-19}$$

其中，z_i 是包括霜冰层和明冰层的总冰层厚度，即 $z_i = z_r + z_g$；T_{aw} 和 U_w 分别是水膜顶部的温度和速度，二者不同于来流空气的温度和速度。

在水与空气的交界面处，存在复杂的热交换过程，其热流方程满足

$$-k_w \left. \frac{\partial T_w}{\partial z} \right|_{z=z_i + z_w} = (q_{con} + q_{eva} + q_{drop}) - (q_a + q_k) \tag{7-20}$$

式(7-20)中所列出的各项热流密度具体计算公式如表 7-1 所示，表中部分符号说明如下：

（1）h_{con} 是等效直径等于表面前缘直径的圆柱体的前缘对流传热系数[177]；

（2）χ 是蒸发系数，由 $\chi = (0.622 h_{con} L_{eva})/(c_a p_a Le^{2/3})$ 计算得

到[177]，e_0 为蒸汽压力常数，其值为 27.03[214]；

（3）$r = Pr^n$ 是恢复因子，层流时 $n = 1/2$，湍流时 $n = 1/3$[215]；

（4）h_{equ} 是等效传热系数；

（5）q_{source} 是外部输入的热量。

表 7-1　水膜/空气交界面处的换热计算

热　流　项	计　算　式	统　一　式
对流换热 q_{con}	$h_{con}(T_{aw} - T_a)$	$q_{con} + q_{eva} + q_{drop} = h_{equ}(T_{aw} - T_a)$
蒸发潜热 q_{eva}	$\chi e_0(T_{aw} - T_a)$	$h_{equ} = h_{con} + \chi e_0 + \varphi U_a \beta c_w$
来流水滴换热 q_{drop}	$\varphi U_a \beta c_w(T_{aw} - T_a)$	
气动加热 q_a	$r h_{con} \dfrac{U_a^2}{2c_a}$	$q_a + q_k = q_{source}$
来流水滴动能 q_k	$\varphi V \beta_c \dfrac{U_a^2}{2}$	

7.1.3　模型求解

（1）干模式结冰

结合导热方程式(7-7)、边界条件式(7-14)和式(7-15)，通过积分可求得霜冰层内的温度分布为

$$T_r = (T_c - T_s)\frac{\ln\left(\dfrac{B_k}{k_{r,0}}z + 1\right)}{\ln\left(\dfrac{B_k}{k_{r,0}}z_c + 1\right)} + T_s \tag{7-21}$$

结合质量守恒方程式，通过积分可求得冰层的生长速率和冰层的厚度随时间的变化：

$$z_r = \frac{\sqrt{2\varphi U_a \beta B_\rho t + \rho_{r,0}^2} - \rho_{r,0}}{B_\rho} \tag{7-22}$$

$$\frac{\mathrm{d}z_r}{\mathrm{d}t} = \frac{\varphi U_a \beta}{B_\rho z + \rho_{r,0}} \tag{7-23}$$

（2）临界状态

霜冰层向明冰层过渡的临界时间为 t_c，对应的临界冰层厚度为 z_c，在经历一个极小的时间间隔 $\mathrm{d}t$ 后，在 $t = t_c + \mathrm{d}t$ 时刻，水膜的厚度仍然几乎为 0，此时

可忽略水膜内的流动与导热的耦合影响,因此,水膜内的导热方程近似为

$$\frac{\partial^2 T_w}{\partial z^2} = 0 \tag{7-24}$$

通过积分可求得对应的水膜温度分布:

$$T_w = T_F + \frac{q_{source} - h_{equ}(T_F - T_a)}{h_{equ} z_w + k_w}(z - z_i) \tag{7-25}$$

同时,在极小的时间间隔 dt 内,水冻结分数也近似为 1,则冰层与水膜的生长速率近似满足

$$\rho_g \frac{dz_g}{dt} + \rho_w \frac{dz_w}{dt} = \varphi U_a \beta \tag{7-26}$$

对式(7-26)从临界时间 t_c 积分到时刻 $t = t_c + dt$ 可得

$$\int_{t_c}^{t} \left(\rho_g \frac{dz_g}{dt} + \rho_w \frac{dz_w}{dt} \right) dt = \int_{t_c}^{t} \varphi U_a \beta dt \tag{7-27}$$

由式(7-27)可得到时间间隔 dt 内水膜厚度与时间的关系为

$$z_w = \frac{\varphi U_a \beta_c (t - t_c) - \rho_g z_g}{\rho_w} \tag{7-28}$$

　　结合明冰/水膜处的边界条件式(7-17)、水膜/空气处的边界条件式(7-20)以及霜冰层、明冰层和水膜内的温度分布方程,可以获得此时明冰层的生长速率与时间的微分关系满足

$$\rho_g L_w \frac{dz_g}{dt} = k_g \frac{T_F - T_c}{z_g} -$$
$$\rho_w k_w \frac{q_{source} - h_{equ}(T_m - T_a)}{h_{equ}[\varphi U_a \beta(t - t_c) - \rho_g z_g] + \rho_w k_w} \tag{7-29}$$

在水膜刚出现的瞬间,明冰与水膜的交界面处依然满足如下边界条件:

$$\begin{cases} T_c = T_F \\ \left. \frac{dz_g}{dt} \right|_{z=z_c} = \left. \frac{dz_r}{dt} \right|_{z=z_c} \\ \left. \frac{dz_w}{dt} \right|_{z=z_c} = 0 \end{cases} \tag{7-30}$$

由此,可以求得临界冰层厚度 z_c 为

$$z_c = Z_c \frac{k_g - k_{r,0}}{k_g \ln(k_g / k_{r,0})} \tag{7-31}$$

其中, Z_c 实际上可看作采用常物性模型计算得到的临界冰层厚度:

$$Z_c = \frac{k_g (T_F - T_s)}{\varphi U_a \beta L_w + q_{source} - h_{equ}(T_F - T_a)} \tag{7-32}$$

借助霜冰层的生长速率方程式(7-22),可求得临界时间为

$$t_c = \frac{(B_\rho z_c + \rho_{r,0})^2 - \rho_{r,0}^2}{2\varphi U_a \beta B_\rho} \tag{7-33}$$

（3）水膜

临界时间过后,根据水膜内部的流动方程式(7-11)、边界条件式(7-18)和式(7-19),可以求得水膜内的速度分布为线性分布:

$$\begin{cases} v_w = \dfrac{F_T}{\mu_w}(z - z_i) \\[2mm] U_w = \dfrac{F_T z_w}{\mu_w} \end{cases} \tag{7-34}$$

其中,F_T 是水膜与空气界面处的剪切流动作用在水膜表面上的剪切力,与来流速度的关系为[216]

$$\begin{cases} F_T = f_s \dfrac{1}{2} \rho_a (U_a - v_s)^2 \\[2mm] f_s = 0.0055 + 2.6 \times 10^{-5} Re_w \end{cases} \tag{7-35}$$

其中,f_s 为表面摩擦系数; v_s 为表面波的速度; $Re_w = \rho_w \bar{v}_w z_w / \mu_w$ 是水膜的雷诺数。结合文献[217],一般情况下,$U_a \gg v_s$,因此式(7-35)可以简化为

$$\begin{cases} F_T \approx f_s \dfrac{1}{2} \rho_a U_a^2 \\[2mm] f_s = 0.0055 + 2.6 \times 10^{-5} Re_w \end{cases} \tag{7-36}$$

同时,根据质量守恒,水膜的雷诺数 Re_w 与来流参数的关系为

$$Re_w = \frac{\rho_w \bar{v}_w z_w}{\mu_w} = \frac{G}{\mu_w} = \frac{(1 - f_F)\varphi V \beta}{\mu_w} \tag{7-37}$$

其中,G 为垂直冰层横截面方向上单位长度内水膜的质量流量,水冻结分数 f_F 的定义式为

$$f_F = \frac{\rho_g}{\varphi V \beta} \frac{dz_g}{dt} \tag{7-38}$$

对水膜速度分布式(7-34)在水膜厚度上进行积分,可以得到平均水膜速度为

$$\bar{v}_w = \int_{z=z_i}^{z=z_i+z_w} v_w \, dz = \int_{z=z_i}^{z=z_i+z_w} \frac{F_T}{\mu_w}(z - z_i) \, dz = \frac{F_T z_w}{2\mu_w} \tag{7-39}$$

联合式(7-37)~式(7-39)，可以求得水膜厚度与时间的关系：

$$
z_w = \sqrt{\frac{2\mu_w G}{\rho_w F_T}} = \sqrt{\frac{2\mu_w (1 - f_F) \varphi U_a \beta}{\rho_w F_T}}
$$
$$
= \sqrt{\frac{2\mu_w \varphi U_a \beta}{\rho_w F_T} \left(1 - \frac{\rho_g}{\varphi U_a \beta} \frac{dz_g}{dt}\right)}
\tag{7-40}
$$

借助水膜内的速度分布式(7-34)，可以将水膜内的能量方程式(7-12)改写为

$$
k_w \frac{d^2 T_w}{dz^2} = -\mu_w \left(\frac{F_T}{\mu_w}\right)^2
\tag{7-41}
$$

利用水膜温度边界条件式(7-18)和式(7-19)，对式(7-41)进行积分，可以求得水膜内的温度分布为

$$
T_w = T_F + \frac{T_{aw} - T_F}{z_w}(z - z_i) + \frac{F_T^2}{2k_w \mu_w}(z_i + z_w - z)(z - z_i)
\tag{7-42}
$$

（4）明冰

根据明冰与水膜交界面处的能量方程式(7-17)、明冰层内的温度分布式(7-10)和水膜内的温度分布式(7-42)，可以求得明冰层的生长速率与时间的微分关系满足

$$
\rho_g L_w \frac{dz_g}{dt} = k_g \frac{\partial T_g}{\partial z} - k_w \frac{\partial T_w}{\partial z} = k_g \frac{T_F - T_c}{z_g} - k_w \frac{T_{aw} - T_F}{z_w} + \frac{z_w F_T^2}{2\mu_w}
\tag{7-43}
$$

其中，水膜厚度与时间的关系式满足式(7-40)，且霜冰/明冰交界处的温度 T_c 和水膜/空气交界处的温度 T_{aw} 未知。结合霜冰层内的温度分布式(7-21)和明冰层内的温度分布式(7-10)，以及二者之间的边界条件式(7-18)，可以得到霜冰/明冰交界处的温度 T_c 为

$$
T_c = \frac{\dfrac{Z_c}{z_c} T_F - T_s}{z_g + Z_c} z_c + \frac{z_g + z_c}{z_g + Z_c} T_s
\tag{7-44}
$$

结合水膜内的温度分布式(7-42)和水膜/空气交界处的边界条件式(7-20)，可以得到水膜表面温度 T_{aw} 为

$$
T_{aw} = \frac{(h_{equ} T_a + q_{source}) z_w + k_w T_F + \dfrac{z_w^2 F_T^2}{2\mu_w}}{k_w + h_{equ} z_w}
\tag{7-45}
$$

7.1.4 不同模型的比较

(1) PVRI-RW 模型与 PCRI-RW 模型的比较

当来流参数的变化使霜冰的初始密度 $\rho_{r,0}$ 逐渐接近明冰的密度 ρ_g 时，对霜冰层内的温度分布式(7-21)取极限可得

$$\lim_{k_{r,0} \to k_g} T_r = (T_c - T_s) \frac{z}{z_c} + T_s \qquad (7\text{-}46)$$

同样，对临界冰层厚度的计算式(7-31)取极限可得

$$\lim_{k_{r,0} \to k_g} z_c = \frac{k_g(T_F - T_s)}{\varphi U_a \beta L_w + q_{source} - h_{equ}(T_F - T_a)} = Z_c \qquad (7\text{-}47)$$

温度分布和临界冰层厚度的极限都说明，当霜冰层的密度逐渐接近明冰密度时，PVRI-RW 模型逐渐演化为 PCRI-RW 模型。

(2) PVRI-RW 模型与 PVRI 模型的比较

为了对比分析水膜流动对积冰过程的影响，在临界时间之后，不考虑水膜内部的流动，则明冰层的生长速率与时间的微分关系将一直满足式(7-29)，可改写为

$$\rho_g L_w \frac{dz_g}{dt} = k_g \frac{T_F - T_c}{z_g} - \frac{q_{source} - h_{equ}(T_F - T_a)}{\dfrac{h_{equ}}{k_w} z_w + 1} \qquad (7\text{-}48)$$

相比之下，PVRI-RW 模型中明冰层的生长速率与时间的微分关系则满足式(7-43)，可改写为

$$\rho_g L_w \frac{dz_g}{dt} = k_g \frac{T_F - T_c}{z_g} - \frac{q_{source} - h_{equ}(T_F - T_a)}{\dfrac{h_{equ}}{k_w} z_w + 1} +$$

$$\left(1 - \frac{1}{\dfrac{h_{equ}}{k_w} z_w + 1}\right) \frac{z_w F_T^2}{2\mu_w} \qquad (7\text{-}49)$$

对比式(7-48)和式(7-49)可以发现：相比 PVRI 模型，PVRI-RW 模型给出的明冰层生长速率方程右侧增加了一项。在湿模式积冰阶段，很显然水膜厚度 $z_w > 0$，则上述增加项为正，即 PVRI-RW 模型计算出的明冰层的生长速率比 PVRI 模型的结果快。这主要是由于在气流剪切流动的作用下，水膜内的流动促进了其内部传热，同时水膜的厚度大大降低，增大了冰

水相界面处水膜侧的传热,使水膜热阻减小,因此具有更大的冰层生长速率。

7.1.5　模型验证

在临界时间之后,明冰层的生长速率方程式(7-43)是非线性微分方程,因此,无法获得整个模型的理论分析解,需借助数值方法进行求解。本书采用四阶 Runge-Kutta 方法,并通过逐渐减小时间步长的方法验证了时间步长的无关性,最终选取 0.05 s 的时间步长对整个模型的积冰过程进行计算求解。

Myers 和 Hammond[138,141] 在 NACA0012 翼型(尺寸为 40 cm×4.8 cm)上进行积冰实验后获得了冰层形貌,对应的实验工况为 MVD=20 μm、U_a=90 m/s、φ=1 g/m³、T_a=−10℃,最终测量得到的霜冰底层厚度为 2～3 mm。使用上述工况,理论模型计算得到的临界冰层厚度为 2.42 mm,与实验测量结果一致。同时,采用 PCRI-RW、PVRI-RW 和 PVRI 三种模型对上述工况下的水膜厚度进行预测计算,结果如图 7-3 所示。由 PVRI-RW 模型得到的稳态水膜厚度接近常数值约 88 μm,这也与 Anderson 和 Feo[142] 利用电导传感器实验测量的不同剪切流动下的稳态水膜厚度范围 55～150 μm 吻合良好。上述临界冰层厚度和稳态水膜厚度的对比都说明了本书提出的变物性霜冰底层宏观积冰模型的可靠性。

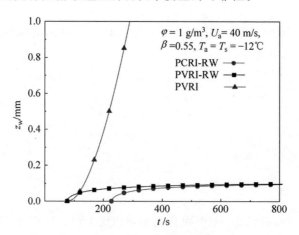

图 7-3　不同模型计算的水膜厚度变化

此外,对比图 7-3 中不同模型给出的水膜厚度变化可以看出,虽然 PCRI-RW 模型与 PVRI-RW 模型预测的临界时间不同,但是预测的稳态水膜厚度几乎相等,说明霜冰层对水膜的稳态厚度影响极小,水膜的稳态厚度主要受剪切气流的影响。由于 PVRI 模型没有考虑临界水膜内的流动,因此其预测的水膜厚度远远高于 PCRI-RW 和 PVRI-RW 两种模型的预测结果。随着时间的推移,后两种模型得到的水膜厚度前期不断增加而后期接近常数,但 PVRI 模型得到的水膜厚度却一直单调地急剧增加,并且与实验结果差距很大,说明对于剪切流动下的宏观积冰过程,考虑剪切流动下水膜内的流动是必须的。

7.2　结果与讨论

7.2.1　积冰特性

结合文献中的实验工况[155],选取 $MVD = 20\ \mu m$、$U_a = 40\ m/s$、$\varphi = 1\ g/m^3$、$\beta = 0.55$、$T_a = T_s = -12℃$ 和 $T_F = 0℃$ 进行积冰过程计算,PCRI-RW 模型、PVRI-RW 模型和 PVRI 模型计算得到的积冰特性如图 7-4 所示,包括冰层厚度、冰层生长速率、水冻结分数和温度分布。

对比 PVRI-RW 模型和 PVRI 模型的计算结果可得,在干模式积冰阶段,PVRI-RW 模型得到的冰层厚度、冰层生长速率和水冻结分数与 PVRI 模型的结果相同,但在湿模式积冰阶段,PVRI-RW 模型的上述结果大于 PVRI 模型的结果。主要有两点原因:①PVRI-RW 模型中,水膜内的流动促进了其内部传热,有利于加速潜热释放,从而提高了冰层生长速率;②PVRI 模型忽略水膜流动后得到了更厚的水膜,因此导致热阻增加,进一步降低了冰层生长速率。因此,采用上述两种模型计算得到的冰层厚度、冰层生长速率和水冻结分数之间的差异随着积冰时间的推移而逐渐扩大。下面主要围绕 PVRI-RW 模型与 PCRI-RW 模型之间的差别进行讨论和分析。

图 7-4(a)中,五角星表示临界点,可以看出,PVRI 模型得到的临界时间和临界冰层厚度与 PVRI-RW 模型的结果相同,因为它们经历了相同的干模式积冰阶段。与 PCRI-RW 模型相比,PVRI-RW 模型预测的临界时间更短,临界冰层厚度更小,因为 PVRI-RW 模型将霜冰作为多孔介质处理,其等效热导率和密度均小于明冰,而 PCRI-RW 模型将整个冰层都作为明冰处理,并假设其具有与明冰相同的恒定物性参数,因此 PVRI-RW 模型将更快地达到相同的临界换热条件。

　　从图 7-4(a)和(b)可以看出,在积冰初期阶段,PVRI-RW 模型得到的冰层厚度和冰层生长速率均大于 PCRI-RW 模型;在积冰后期阶段,PVRI-RW 模型得到的冰层厚度和冰层生长速率均小于 PCRI-RW 模型。原因在于:当 $t<t_c$ 时,在干模式积冰阶段形成的霜冰密度小于明冰密度,因此 PVRI-RW 模型预测的冰层生长速率更大;当 $t=t_c$ 时,在霜冰和明冰界面处,霜冰密度等于明冰密度,霜冰层生长速率等于明冰层生长速率;当 $t>t_c$ 时,PVRI-RW 模型计算得到的较厚的冰层和水膜会产生较大的热阻,从而导致冰层生长速率低于 PCRI-RW 模型得到的冰层生长速率,并且随着积冰时间的推移,PCRI-RW 模型计算得到的冰层厚度将超过 PVRI-RW 模型的预测结果。积冰时间越长,霜冰层在总热阻中所占的比值越小,其对积冰过程的影响越弱,因此 PVRI-RW 模型得到的冰层生长速率最后会逐渐接近 PCRI-RW 模型得到的冰层生长速率,上述分析同样也适用于水冻结分数的变化,如图 7-4(c)所示。

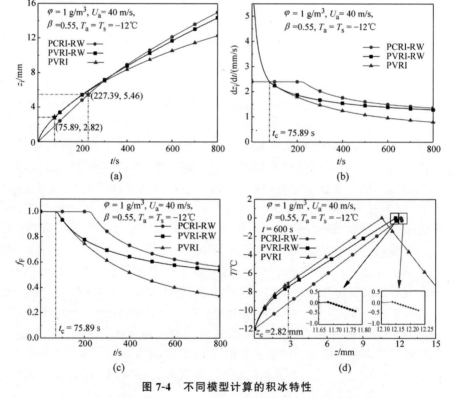

图 7-4　不同模型计算的积冰特性

(a)冰层厚度;(b)冰层生长速率;(c)水冻结分数;(d)温度分布

　　从图 7-4(d)可以看出,PVRI 模型和 PVRI-RW 模型得到的霜冰层温度分布是对数曲线,这是因为霜冰层物性参数随冰层厚度而变化,但 PCRI-RW 模型得到的冰层温度分布则完全是一条直线。由于水膜厚度不同,上述 3 种模型得到的水膜温度分布曲线彼此不同。PVRI-RW 模型和 PCRI-RW 模型得到的水膜温度分布都是抛物线型的,这正是式(7-42)考虑水膜内部流动的体现。

7.2.2　来流参数对临界状态的影响

　　为了阐明来流参数对积冰模式转换的影响,采用控制变量法研究液态水含量(φ)、来流速度(U_a)、水收集率(β)和来流温度(T_a)对临界冰层厚度(z_c)和临界时间(t_c)的影响,结果如图 7-5 所示。随着液态水含量、来流速度、水收集率和来流温度的增加,单位时间内撞击积冰表面的水滴质量增

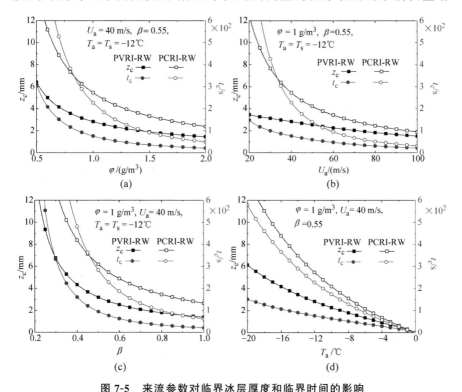

图 7-5　来流参数对临界冰层厚度和临界时间的影响

(a)液态水含量;(b)来流速度;(c)水收集率;(d)来流温度

加,需要释放的潜热增加,使得更大比例的水滴保持液态,导致临界冰层厚度减小和临界时间缩短。临界冰层厚度减小导致热阻降低,可以促进更多的潜热释放;临界时间缩短,可以使水冻结分数尽快降低,从而减缓了潜热的释放需求。二者的变化趋势都是为了满足潜热释放与环境热交换之间的能量平衡。

此外,与 PCRI-RW 模型相比,由于引入了霜冰层物性参数的变化,PVRI-RW 模型在所有工况下得到的临界冰层厚度更小,临界时间更短。随着液态水含量、来流速度、水收集率和来流温度的降低,上述两种模型预测的临界冰层厚度和临界时间差别逐渐减小。极端情况下,如果临界冰层厚度很大且临界时间很长,那么在整个积冰过程中都不会发生湿模式积冰阶段,此时所有的冰层都是霜冰层,在这种情况下考虑变物性霜冰层对积冰过程的准确预测是至关重要的。相反地,如果临界冰层厚度很小且临界时间很短,以至于干模式积冰阶段形成的霜冰层可以忽略不计,此时整个冰层几乎都是明冰层,以上两种模型几乎得到了相同的预测结果,如图 7-5(d)中当 $T_a > -4℃$ 时的工况条件。

7.2.3　来流参数对积冰特性的影响

来流参数不仅影响临界冰层厚度和临界时间,还影响整个积冰过程。为了研究来流参数对积冰特性的影响,采用控制变量法研究液态水含量(φ)、来流速度(U_a)、水收集率(β)和来流温度(T_a)对冰层厚度的影响,结果如图 7-6 所示,从图中可以出,随着液态水含量、来流速度和水收集率的增加,以及来流温度的降低,PVRI-RW 模型和 PCRI-RW 模型预测的冰层生长速率和厚度都会增大,主要是由于液态水含量、来流速度和水收集率的增加会使积冰表面接收到的总水量增加,而来流温度的降低会直接增大相变驱动力,进而增大水冻结分数,最终导致冰层厚度增大。此外,随着液态水含量、来流速度、水收集率的增加以及来流温度的升高,霜冰底层与明冰的差异逐渐减小,最终 PVRI-RW 模型和 PCRI-RW 模型预测的积冰特性之间的差异也逐渐减小,这与7.2.2 节中来流参数对临界冰层厚度和临界时间的影响趋势是相同的。

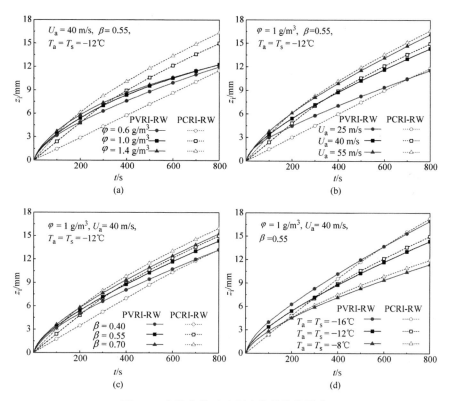

图 7-6　来流参数对冰层生长特性的影响

（a）液态水含量；（b）来流速度；（c）水收集率；（d）来流温度

7.3　模型选择

　　7.2 节的分析表明，来流参数对临界状态和积冰特性的影响遵循相同的规律：当 PVRI-RW 模型和 PCRI-RW 模型得到的结果差别很明显时，需要考虑霜冰层变物性参数的影响，采用 PVRI-RW 模型可以更好地描述实际积冰过程；当上述两个模型得到的结果几乎相同时，PVRI-RW 模型可以简化为 PCRI-RW 模型。上述两种模型的区别主要与霜冰层密度计算公式中由来流条件确定的参数 S_ρ 密切相关，PCRI-RW 模型的临界冰层厚度与 PVRI-RW 模型的临界冰层厚度的比值随参数 S_ρ 的变化如图 7-7 所示。可以看出，当 $S_\rho > 50$ 时，两种模型计算的临界冰层厚度比值不再发生明显变化。因此本书建议，当来流参数满足 $S_\rho < 50$ 时，使用考虑变物性霜冰层

的 PVRI-RW 模型,可以获得更好的冰层生长预测结果。

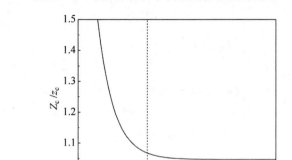

图 7-7　来流参数对临界冰层厚度比值的影响

7.4　本 章 小 结

　　本章分析了单个过冷水滴碰撞结冰现象与宏观积冰过程之间的联系,考虑来流参数对霜冰密度和其他物性参数的影响,建立了变物性霜冰底层的宏观积冰模型,对比了变物性模型与常物性模型之间的差异,分析了来流参数对积冰特性的影响,并给出了不同来流参数下模型选择的建议,最终获得如下结论。

　　(1) 过冷水滴碰撞冷表面后形成的宏观冰层物性会随着来流参数的变化而逐渐变化。在冷面温度较低时,水滴碰撞结冰后堆积形成的霜冰层由于包含一定的空气,实际上是一种多孔介质。考虑来流参数对霜冰层初始物性参数的影响和冰层生长过程中物性参数的变化,建立了包含变物性霜冰底层、明冰层和水膜的宏观积冰模型,模型可以较准确地预测霜冰层向明冰层过渡的临界冰层厚度和剪切流动下水膜的厚度。

　　(2) 相比于常物性积冰模型,变物性积冰模型预测的临界冰层厚度更小,临界时间更短。在积冰初期阶段,变物性积冰模型计算得到的冰层厚度和冰层生长速率均大于常物性模型的结果;而在积冰后期阶段,前者则小于后者。变物性积冰模型中,霜冰层温度分布为对数曲线,水膜温度分布为抛物线。

　　(3) 随着液态水含量、来流速度、水收集率和来流温度的增加,变物性与常物性两种积冰模型计算得到的临界冰层厚度和临界时间都会减小,同时两种模型计算得到的结果(包括临界冰层厚度、临界时间和冰层生长特性)之间的差异逐渐减小。随着液态水含量、来流速度和水收集率的增加,以及来流温度的降低,两种模型预测的冰层生长速率和厚度都会增大。从来流参数对霜冰层密度变化的影响出发,当来流参数满足 $S_\rho < 50$ 时,使用变物性积冰模型,可以更好地预测冰层生长规律;而当 $S_\rho > 50$ 时,变物性模型即简化为常物性积冰模型。

第 8 章 总结与展望

8.1 主 要 结 论

本书通过实验测量、数值模拟和理论分析相结合的方法,系统研究了过冷水滴的结冰与碰撞及其耦合特性。首先,搭建了可用于开展静置过冷水滴结冰实验、常温水滴碰撞实验和过冷水滴碰撞结冰实验的实验装置,并采用涂层法制备了超亲水、亲水(裸铝)、低疏水、高疏水和超疏水 5 种表面;接着,实验获得了静置过冷水滴结冰与融化过程中的温度、形貌等特征,统计分析了过冷水滴的成核温度和成核率特性,探讨了过冷水滴成核的体积效应和时间效应,考虑过冷效应,建立了水滴冻结阶段的轮廓变化理论模型和内部相界面变化的数值模型,分析了冷面温度(过冷度)、接触角和水滴体积对水滴冻结时间的影响规律;然后,开展了常温水滴的碰撞实验,引入动态接触角模型,建立了水滴碰撞过程的数值模型,模拟研究了椭球水滴的初始形状对其碰撞过程和最大铺展系数的影响;同时,开展了过冷水滴的碰撞结冰实验,考虑过冷效应,建立了过冷水滴碰撞结冰的数值模型,模拟研究了 We 数、表面接触角和过冷度对过冷水滴碰撞结冰过程和最终形态分布的影响;最后,考虑单个微观过冷水滴碰撞结冰与宏观积冰过程之间的联系,建立了包含变物性霜冰层的宏观积冰模型,分析了来流参数对积冰特性的影响。本书得到的主要结论如下。

(1) 静置过冷水滴的结冰过程可分为过冷、成核、再辉、冻结和冷却 5 个阶段。过冷水滴的结冰成核需要一定的过冷度,且成核温度是随机的,其概率分布近似满足正态分布。随着水滴体积的减小,成核温度的平均值会逐渐降低,标准差变大,其概率分布的峰值和累积分布曲线均向低温侧移动,同时概率分布变得更加矮胖;随着冷面温度的降低,成核所需时间减小。随着成核温度的降低,成核率增大;在相同的成核温度下,随着水滴体积的增大和时间的推移,成核率也会增加。再辉阶段,水滴释放过冷度,水滴内部形成均匀的冰水混合物,透明性变差,同时内部温度在凝固潜热的作用下恢复到凝固点 0℃，整个阶段持续几十毫秒；根据能量平衡可计算出过冷度释放后水滴内部冰水混合物中的冰相质量分数，并可作为接下来冻结阶段的初始条件。

（2）在过冷水滴的冻结阶段，水滴内部的冰水相界面逐渐从水滴底部向上推移，并最终形成夹角约为 140° 的冻结尖端，整个阶段的持续时间为几十秒。考虑过冷效应所建立的理论模型，将成核再辉阶段转化为初始条件体现在水滴的物性参数和初始温度上，不仅能够准确地预测水滴冻结阶段的轮廓变化和尖端形成，还将冻结时间的预测偏差从 40% 降到 10% 左右；水滴冻结完成后的最终冻结轮廓和冻结尖端的角度几乎不受冻结速率的影响。采用上述理论模型计算的水滴最终轮廓作为几何条件时，数值模拟的结果与实验最接近，并可获得水滴内部的相界面变化和温度分布。理论模型和数值模拟计算的平均冻结时间与实验偏差最小；随着冷面温度的上升以及接触角和水滴体积的增加，冻结时间变长；基于一维凝固过程的近似理论分析，获得了水滴冻结时间的计算关系式，计算结果与实验结果的偏差在 ±25% 以内。

（3）水滴的碰撞过程主要包括铺展、收缩、振荡和稳定 4 个阶段。随着 We 数的增大和接触角的减小，水滴的铺展系数和最大铺展系数均会增大，且最大铺展系数的对应时间随着 We 数和接触角的增大而减小；随着 We 数的增大，水滴的高度系数和首次局部最小高度系数会减小，而水滴的首次局部最小高度系数几乎不受表面特性的影响，同时首次局部最小高度系数的对应时间几乎不受 We 数和接触角的影响；在最大铺展系数和其对应时间的计算关联式中引入 $(1-\cos\theta_{adv})^{1/2}$，可统一不同表面上的实验测量结果。引入动态接触角的数值模型可准确地模拟水滴碰撞过程中的铺展系数和形态变化；随着椭球水滴高宽比的增大，水滴的铺展速度变缓，最大铺展系数及其对应时间都会增大；在较大 We 数和较小接触角时，椭球水滴与壁面间的相互作用较强，其高宽比对水滴最大铺展系数的影响更加明显；基于圆球水滴碰撞过程中最大铺展系数的理论关系式，采用椭球水滴的初始高宽比修正其中的能量耗散项后，可将最大铺展系数的计算偏差减小到 $-5\%\sim25\%$。

（4）相比常温水滴的碰撞结冰及常温水滴的碰撞过程，过冷水滴碰撞结冰过程的主要不同点在于收缩阶段的水滴形态和铺展系数。过冷水滴碰撞结冰过程中水滴内部会形成均匀的冰水混合物，水滴底部冰层更厚，三相线由于结冰停止运动，会导致水滴的稳态铺展系数更大，水滴轮廓也由于结

冰的作用形成一层不规则冰壳,甚至过冷水滴撞击超疏水表面后也无法脱离冷表面。考虑过冷效应后的数值模型可实现对过冷水滴形态和铺展系数变化的模拟;随着 We 数的增大和接触角的减小,过冷水滴碰撞冷表面后的铺展系数逐渐增大,而在收缩阶段,过冷度越大,水滴的三相线越早被冻结,最终形成的稳态铺展系数也更大。过冷水滴碰撞疏水冷表面后的最终形态有完全反弹、部分反弹和完全粘附 3 种,3 种形态的分界线受 We 数、接触角和过冷度的影响;相同 We 数下,水滴发生完全反弹和部分反弹的临界过冷度随着表面接触角的增加而增大。引入接触角的影响 $\Delta T/|\cos\theta|$,可统一不同疏水表面上过冷水滴碰撞结冰后的形态分布,过冷水滴碰撞结冰过程中发生完全反弹的充分条件为 $\Delta T/|\cos\theta|\leqslant 13$。

(5) 过冷水滴碰撞冷表面后形成的宏观冰层物性会随着来流参数的变化而变化;考虑来流参数对霜冰层初始物性参数的影响和冰层生长过程中物性参数的变化所建立的宏观积冰模型,可以较为准确地预测临界冰层厚度和水膜厚度。相比于常物性积冰模型,变物性模型预测的临界冰层厚度更小,临界时间更短;在积冰初期,后者得到的冰层厚度和生长速率均较大,而在后期则相反。随着液态水含量、来流速度、水收集率和来流温度的增加,变物性与常物性两种积冰模型计算的临界冰层厚度和临界时间都会减小,同时两种模型计算结果之间的差异也逐渐减小;当来流参数满足 $S_\rho<50$ 时,变物性积冰模型可更好地预测冰层的生长规律。

8.2　创　新　点

本书的主要创新点如下。

(1) 明确了过冷水滴成核的体积效应和时间效应。

利用一系列成核实验数据统计研究了过冷水滴的成核温度和成核率特性,成核温度的概率分布近似满足正态分布,定量分析了体积和时间对过冷水滴成核温度和成核率的影响规律;过冷水滴的体积越小,其成核温度越低;随着成核温度的降低,成核率增大;在相同成核温度下,随着水滴体积的增大和时间的推移,成核率增加。上述两种效应可用于改进宏观成核温度和微观成核率的预测,进而提高相关过程的模拟准确度。

(2) 建立了引入过冷效应的过冷水滴冻结模型,理清了冷面温度(过冷度)、接触角和水滴体积对冻结时间的定量影响关系。

考虑过冷效应,将成核再辉阶段的影响转化为冻结阶段的初始条件,建立了过冷水滴冻结阶段的理论模型,不仅可以更加准确地预测轮廓变化和尖端形成,还有效地减小了水滴冻结时间的预测偏差;基于理论模型计算的水滴最终轮廓,进一步建立了考虑过冷效应的数值模型,可用于预测过冷水滴冻结阶段中的内部相界面和温度分布变化;结合实验测量、理论计算和数值模拟获得的过冷水滴冻结时间,提出了过冷水滴的冻结时间计算关系式,可直接用于计算不同冷面温度(过冷度)、接触角和水滴体积下过冷水滴的冻结时间。

(3) 探究了水滴初始形状对其碰撞过程的影响规律,并获得了考虑初始形状的水滴最大铺展系数的计算关系式。

利用水滴碰撞实验验证了考虑动态接触角的数值模型,基于数值模拟定量研究了椭球水滴的初始高宽比对其碰撞过程的影响规律;随着椭球水滴高宽比的增大,水滴的最大铺展系数及其对应时间都会增大;在较大 We 数和较小接触角的情况下,椭球水滴高宽比对水滴最大铺展系数的影响更加明显;基于圆球水滴碰撞过程中最大铺展系数的计算关系式,利用椭球水滴的高宽比修正关系式中的能量耗散项,将最大铺展系数计算关系式的预测偏差减小至 $-5\% \sim 25\%$。实际过程中的复杂环境(剪切流、电磁场等)很容易引起碰撞初始时刻水滴形状的变化,上述计算关系式可直接用于预测非球形水滴碰撞过程的最大铺展系数。

(4) 明确了 We 数、表面接触角和过冷度对过冷水滴碰撞结冰的影响,统一了不同表面上的碰撞结冰形态分布图。

实验观察了过冷水滴的碰撞结冰过程,并验证了引入过冷效应的数值模型,该模型成功地预测了过冷水滴碰撞结冰过程中的铺展系数和形态变化,进而揭示了过冷水滴的碰撞与结冰耦合特性;基于上述耦合特性,将过冷水滴的碰撞结冰的最终形态分为完全反弹、部分反弹和完全粘附 3 种,并引入接触角的影响 $\Delta T/|\cos\theta|$,从而获得了不同表面上统一的碰撞结冰形态分布图,可用于指导防除冰表面的设计与优化。

(5) 建立了考虑变物性霜冰层的宏观积冰模型,并给出了不同来流参数下变物性和常物性模型的选择建议。

分析了单个微观过冷水滴碰撞结冰现象与宏观积冰过程之间的联系,以及来流参数对冰层物性参数的影响,建立了考虑变物性霜冰层的宏观积冰模型,探究了来流参数对变物性和常物性宏观积冰模型计算结果的影响,并最终给出了不同来流参数下的模型选择建议。相关模型可直接用于完善宏观积冰过程的数值模拟工作。

8.3　后续工作展望

本书研究了过冷水滴的结冰与碰撞及其耦合特性,虽然取得了一定的创新性研究成果,但是仍然有很多工作尚不完善,后续可开展进一步的研究和探讨。

(1) 对于静置过冷水滴的成核研究,本书探讨了裸铝表面上的成核特性。然而,实际环境中的表面特性、环境温湿度等也会对成核产生影响,后续可设计搭建环境可控的实验装置和工况,并开展成核实验,综合上述各种因素的影响规律以期获得更加统一的水滴成核特征。

(2) 对于静置过冷水滴的冻结阶段,本书考虑了过冷效应的影响,但是数值模拟中采用了理论模型计算的固定轮廓,后续可尝试采用 FTM、LBM等方法对水滴冻结阶段进行模拟,以期同时获得水滴的变化轮廓、相界面和温度分布等特征。

(3) 对于过冷水滴的碰撞过程,实际上相当于引入了机械振动,后续也可探讨外界振动对成核和冻结特性的影响。

(4) 关于宏观积冰模型,本书模型的开始阶段为干模式阶段,实际表面上可能还存在过冷水膜,后续可进一步完善宏观积冰模型。

附录　冰、水与空气的物性参数

表 A-1　空气、水和冰的物性参数[218]

物质		密度 /(kg/m³)	比热容[219] /(kJ/(kg·K)	热导率[220] /(W/(m·K)	黏度[221] /(μPa·s)	表面张力[222] /(mN/m)	凝固潜热 /(kJ/kg)
空气		1.225	1.000	0.020	17.894	—	—
水	15℃	999.1	4.190	0.589	1153.8	72.74	333.4
	0.1℃	999.8	4.220	0.561	1791.1	75.65	
	−5℃	999.3	4.417	0.546	2160.0	76.33	
	−10℃	998.1	4.580	0.525	2660.0	76.98	
	−15℃	996.3	4.785	0.502	3340.0	77.57	
	−20℃	993.6	4.894	0.478	4330.0	78.41	
	−25℃	989.6	5.003	0.457	5650.0	79.09	
	−30℃	983.8	5.132	0.431	—	79.64	
冰	−0.1℃	916.7	2.100	2.160	—		
	−10℃	918.2	2.020	2.260			
	−20℃	919.6	1.950	2.380			
	−30℃	920.9	1.880	2.500			
	−40℃	922.2	1.800	2.630			
	−50℃	923.5	1.730	2.770			

参 考 文 献

[1] 陈宏芳,杜建华.高等工程热力学[M].北京:清华大学出版社,2003.

[2] Dorsey N E. Supercooling and freezing of water[J]. Journal of Research of the National Bureau of Standards,1938,20:799-808.

[3] Fox P G. Supercooling of water droplets[J]. Nature,1959,184(4685):546.

[4] Kanno H,Speedy R J,Angell C A. Supercooling of water to −92℃ under pressure [J]. Science,1975,189(4206):880-881.

[5] 吴晓敏,许旺发,王维城,等.冷面上过冷水珠冻结的实验研究[J].工程热物理学报,2005,26(1):104-106.

[6] Zhang X,Wu X,Min J. Freezing and melting of a sessile water droplet on a horizontal cold plate[J]. Experimental Thermal and Fluid Science,2017,88:1-7.

[7] Li F F,Liu J. Thermal infrared mapping of the freezing phase change activity of micro liquid droplet[J]. Journal of Thermal Analysis and Calorimetry,2010, 102(1):155-162.

[8] Poole P H,Sciortino F,Essmann U,et al. Phase behaviour of metastable water[J]. Nature,1992,360(6402):324-328.

[9] Palmer J C,Martelli F,Liu Y,et al. Metastable liquid-liquid transition in a molecular model of water[J]. Nature,2014,510(7505):385-388.

[10] Morrison R E. Subcool and supercool[J]. Science,1959,130(3368):171.

[11] Jursa A S. Handbook of Geophysics and the Space Environment[M]. 4th ed. Hanscom AFB,MA:Air Force Geophysics Laboratory,1985.

[12] 朱春玲,朱程香.飞机结冰及其防护[M].北京:科学出版社,2016.

[13] Cao Y,Wu Z,Su Y,et al. Aircraft flight characteristics in icing conditions[J]. Progress in Aerospace Sciences,2015,74:62-80.

[14] Zhang X,Wu X,Min J. Aircraft icing model considering both rime ice property variability and runback water effect[J]. International Journal of Heat and Mass Transfer,2017,104:510-516.

[15] Dalili N,Edrisy A,Carriveau R. A review of surface engineering issues critical to wind turbine performance[J]. Renewable and Sustainable Energy Reviews,2009, 13(2):428-438.

[16] Punge H J,Kunz M. Hail observations and hailstorm characteristics in Europe:A review[J]. Atmospheric Research,2016,176-177:159-184.

[17] Pham Q T. Modelling heat and mass transfer in frozen foods：A review[J]. International Journal of Refrigeration,2006,29(6)：876-888.

[18] Kiani H,Sun D. Water crystallization and its importance to freezing of foods：A review[J]. Trends in Food Science & Technology,2011,22(8)：407-426.

[19] Belcastro C，Foster J. Aircraft loss-of-control accident analysis [C]. AIAA Guidance,Navigation,and Control Conference,Toronto,Ontario,Canada,2010, AIAA 2010-8004.

[20] 张强,曹义华,潘星,等.积冰对飞机飞行性能的影响[J].北京航空航天大学学报,2006,32(6)：654-657.

[21] 崔静.结霜与抑霜机理研究及数值模拟[D].大连：大连理工大学,2011.

[22] Wu X，Chu F，Ma Q，et al. Frost formation and frost meltwater drainage characteristics on aluminum surfaces with grooved structures [J]. Applied Thermal Engineering,2017,118：448-454.

[23] Lynch F T,Khodadoust A. Effects of ice accretions on aircraft aerodynamics[J]. Progress in Aerospace Sciences,2001,37(8)：669-767.

[24] 易贤.飞机积冰的数值计算与积冰试验相似准则研究[D].绵阳：中国空气动力研究与发展中心,2007.

[25] 辛尊,张振伟.翼型结冰对气动性能的影响[J].江苏航空,2009,(S1)：55-58.

[26] 陈宇,罗艳春,刘国庆,等.飞机结冰对飞行安全的影响[J].装备制造技术,2014,(5)：254-255.

[27] 谢毅.飞机结冰事故的统计分析[J].国外试飞,1996,(3)：23-28.

[28] AOPA Air Safety Foundation. Aircraft Icing[J]. Weather,2002(1)：SA11-11/02.

[29] 李哲,徐浩军,薛源,等.结冰对飞机飞行安全的影响机理与防护研究[J].飞行力学,2016,34(4)：10-14.

[30] Laforte J L,Allaire M A,Laflamme J. State-of-the-art on power line de-icing[J]. Atmospheric Research,1998,46(S1-2)：143-158.

[31] Wu X,Hu S,Chu F. Experimental study of frost formation on cold surfaces with various fin layouts[J]. Applied Thermal Engineering,2016,95：95-105.

[32] Kong W,Liu H. A theory on the icing evolution of supercooled water near solid substrate[J]. International Journal of Heat and Mass Transfer, 2015, 91：1217-1236.

[33] Sherif S A,Pasumarthi N,Bartlett C S. A semi-empirical model for heat transfer and ice accretion on aircraft wings in supercooled clouds[J]. Cold Regions Science and Technology,1997,26(3)：165-179.

[34] Hindmarsh J P,Buckley C,Russell A B,et al. Imaging droplet freezing using MRI [J]. Chemical Engineering Science,2004,59(10)：2113-2122.

[35] Strub M，Jabbour O，Strub F，et al. Experimental study and modelling of the crystallization of a water droplet[J]. International Journal of Refrigeration,2003,

26(1)：59-68.

[36] 王皆腾,刘中良,黄玲艳,等.冷空气中水滴的冷却与冻结过程研究[J]. 工程热物理学报,2008(8)：1360-1362.

[37] 王皆腾,刘中良,勾昱君,等.冷表面上水滴冻结过程的研究[J]. 工程热物理学报,2007(6)：989-991.

[38] Hindmarsh J P,Russell A B,Chen X D. Experimental and numerical analysis of the temperature transition of a freezing food solution droplet[J]. Chemical Engineering Science,2004,59(12)：2503-2515.

[39] Hindmarsh J P,Russell A B,Chen X D. Experimental and numerical analysis of the temperature transition of a suspended freezing water droplet[J]. International Journal of Heat and Mass Transfer,2003,46(7)：1199-1213.

[40] Alizadeh A,Yamada M,Li R,et al. Dynamics of ice nucleation on water repellent surfaces[J]. Langmuir,2012,28(6)：3180-3186.

[41] 张旋,吴晓敏,闵敬春.冷壁上单个静止过冷液滴冻结过程的数值模拟[J]. 工程热物理学报,2018,39(1)：159-164.

[42] Chaudhary G,Li R. Freezing of water droplets on solid surfaces：An experimental and numerical study[J]. Experimental Thermal and Fluid Science,2014,57：86-93.

[43] Zhang X,Wu X,Min J,et al. Modelling of sessile water droplet shape evolution during freezing with consideration of supercooling effect[J]. Applied Thermal Engineering,2017,125：644-651.

[44] Kashchiev D. Nucleation：Basic Theory with Applications [M]. Oxford：Butterworth-Heinemann,2000.

[45] Jung S,Tiwari M K,Doan N V,et al. Mechanism of supercooled droplet freezing on surfaces[J]. Nature Communications,2012,3(1)：615.

[46] Rahimi M, Afshari A, Thormann E. Effect of aluminum substrate surface modification on wettability and freezing delay of water droplet at subzero temperatures [J]. ACS Applied Materials & Interfaces, 2016, 8 (17)：11147-11153.

[47] Seidler G T,Seeley L H. Two-dimensional nucleation of ice from supercooled water[J]. Physical Review Letters,2001,87(5)：55702.

[48] Duft D,Leisner T. Laboratory evidence for volume-dominated nucleation of ice in supercooled water microdroplets[J]. Atmospheric Chemistry and Physics,2004,4(7)：1997-2000.

[49] 杨绍忠,酆大雄.改进的人工增雨水滴冻结实验装置[J]. 气象科技,2005(5)：451-455.

[50] 杨绍忠,酆大雄.一个检测水中冻结核含量的新装置[J]. 气象学报,2007(6)：976-982.

[51] Tobo Y. An improved approach for measuring immersion freezing in large droplets over a wide temperature range[J]. Scientific Reports,2016,6: 32930.

[52] 张毅. 疏水表面的制备及其疏冰性能评价[D]. 北京：清华大学,2013.

[53] Weng L,Tessier S N,Smith K,et al. Bacterial ice nucleation in monodisperse D_2O and H_2O-in-oil emulsions[J]. Langmuir,2016,32(36): 9229-9236.

[54] Meirmanov A M, Niezgódka M, Crowley A. The Stefan Problem[M]. Berlin: Walter de Gruyter,1992.

[55] Sanz A,Meseguer J,Mayo L. The influence of gravity on the solidification of a drop[J]. Journal of Crystal Growth,1987,82(1): 81-88.

[56] Feuillebois F,Lasek A,Creismeas P,et al. Freezing of a subcooled liquid droplet [J]. Journal of Colloid and Interface Science,1995,169(1): 90-102.

[57] Anderson D M,Worster M G,Davis S H. The case for a dynamic contact angle in containerless solidification[J]. Journal of Crystal Growth,1996,163(3): 329-338.

[58] Hu H,Jin Z. An icing physics study by using lifetime-based molecular tagging thermometry technique[J]. International Journal of Multiphase Flow, 2010, 36(8): 672-681.

[59] Jin Z,Hu H. Quantification of unsteady heat transfer and phase changing process inside small icing water droplets[J]. Review of Scientific Instruments, 2009, 80(5): 54902.

[60] Huang L,Liu Z,Liu Y,et al. Effect of contact angle on water droplet freezing process on a cold flat surface[J]. Experimental Thermal and Fluid Science,2012, 40: 74-80.

[61] Marín Á G, Enríquez O R, Brunet P, et al. Universality of tip singularity formation in freezing water drops [J]. Physical Review Letters, 2014, 113(5): 54301.

[62] Enríquez O R,Marín Á G,Winkels K G,et al. Freezing singularities in water drops[J]. Physics of Fluids,2012,24(9): 91102.

[63] Vu T V, Tryggvason G, Homma S, et al. Numerical investigations of drop solidification on a cold plate in the presence of volume change[J]. International Journal of Multiphase Flow,2015,76: 73-85.

[64] Ismail M F,Waghmare P R. Universality in freezing of an asymmetric drop[J]. Applied Physics Letters,2016,109(23): 234105.

[65] Tropea C,Schremb M. Solidification of supercooled water in the vicinity of a solid wall[J]. Physical Review E,2016,94(5): 52804.

[66] Zhang H,Zhao Y,Lv R,et al. Freezing of sessile water droplet for various contact angles[J]. International Journal of Thermal Sciences,2016,101: 59-67.

[67] 肖光明,杜雁霞,王桥,等.考虑非平衡效应的过冷水滴凝固特性[J].航空学报, 2017,(2): 79-85.

［68］ Karlsson L,Ljung A,Lundström T S. Modelling the dynamics of the flow within freezing water droplets[J]. Heat and Mass Transfer,2018,54(12)：3761-3769.

［69］ Tabakova S,Feuillebois F. On the solidification of a supercooled liquid droplet lying on a surface[J]. Journal of Colloid and Interface Science,2004,272(1)：225-234.

［70］ Ajaev V S,Davis S H. The effect of tri-junction conditions in droplet solidification [J]. Journal of Crystal Growth,2004,264(1-3)：452-462.

［71］ Ajaev V S,Davis S H. Boundary-integral simulations of containerless solidification [J]. Journal of Computational Physics,2003,187(2)：492-503.

［72］ Matsumoto M, Saito S, Ohmine I. Molecular dynamics simulation of the ice nucleation and growth process leading to water freezing [J]. Nature, 2002, 416(6879)：409.

［73］ Sun J,Gong J,Li G. A lattice Boltzmann model for solidification of water droplet on cold flat plate[J]. International Journal of Refrigeration,2015,59：53-64.

［74］ Zhao X,Dong B,Li W,et al. An improved enthalpy-based lattice Boltzmann model for heat and mass transfer of the freezing process [J]. Applied Thermal Engineering,2017,111：1477-1486.

［75］ Berberović E,Schremb M,Tuković Ž,et al. Computational modeling of freezing of supercooled water using phase-field front propagation with immersed points[J]. International Journal of Multiphase Flow,2018,99：329-346.

［76］ Chandra S,Avedisian C T. On the collision of a droplet with a solid surface[J]. Proceedings of the Royal Society A：Mathematical, Physical and Engineering Sciences,1991,432(1884)：13-41.

［77］ Pasandideh-Fard M,Qiao Y M,Chandra S,et al. Capillary effects during droplet impact on a solid surface[J]. Physics of Fluids,1996,8(3)：650-659.

［78］ Mao T,Kuhn D C S,Tran H. Spread and rebound of liquid droplets upon impact on flat surfaces[J]. AIChE Journal,1997,43(9)：2169-2179.

［79］ Richard D,Clanet C,Quéré D. Contact time of a bouncing drop[J]. Nature,2002, 417(6891)：811.

［80］ Šikalo Š,Marengo M,Tropea C,et al. Analysis of impact of droplets on horizontal surfaces[J]. Experimental Thermal and Fluid Science,2002,25(7)：503-510.

［81］ Eggers J,Fontelos M A,Josserand C,et al. Drop dynamics after impact on a solid wall：Theory and simulations[J]. Physics of Fluids,2010,22(6)：62101.

［82］ Šikalo Š,Wilhelm H D,Roisman I V,et al. Dynamic contact angle of spreading droplets：Experiments and simulations [J]. Physics of Fluids, 2005, 17(6)：62103.

［83］ Gunjal P R,Ranade V V,Chaudhari R V. Dynamics of drop impact on solid surface：Experiments and VOF simulations[J]. AIChE Journal,2005,51(1)：59-78.

[84] Roisman I V, Opfer L, Tropea C, et al. Drop impact onto a dry surface: Role of the dynamic contact angle[J]. Colloids and Surfaces A: Physicochemical and Engineering Aspects, 2008, 322(1-3): 183-191.

[85] 李西营. 液滴撞击固体壁面的实验及理论研究[D]. 大连: 大连理工大学, 2010.

[86] Burtnett E N. Volume of fluid simulations for droplet impact on dry and wetted hydrophobic and superhydrophobic surfaces[D]. Starkville: Mississippi State University, 2012.

[87] 张震. 微纳米表面喷雾冷却的机理研究[D]. 北京: 清华大学, 2013.

[88] 张震, 欧阳小龙, 姜培学. 动态接触角对微米液滴冲击平板的影响[J]. 清华大学学报(自然科学版), 2013(3): 358-365.

[89] Laan N, de Bruin K G, Bartolo D, et al. Maximum diameter of impacting liquid droplets[J]. Physical Review Applied, 2014, 2(4): 44018.

[90] Lee J B, Derome D, Dolatabadi A, et al. Energy budget of liquid drop impact at maximum spreading: Numerical simulations and experiments[J]. Langmuir, 2016, 32(5): 1279-1288.

[91] 刘森云, 沈一洲, 朱春玲, 等. 液滴撞击超疏水表面的能量耗散机制[J]. 航空学报, 2017, (2): 96-104.

[92] Šikalo Š, Tropea C, Ganić E N. Dynamic wetting angle of a spreading droplet[J]. Experimental Thermal and Fluid Science, 2005, 29(7): 795-802.

[93] 胡海豹, 陈立斌, 黄苏和, 等. 水滴撞击黄铜基超疏水表面的破碎行为研究[J]. 摩擦学学报, 2013(5): 449-455.

[94] 方亚芹. 壁面润湿性对液滴撞击管壁的动力学特性影响实验研究[D]. 大连: 大连理工大学, 2016.

[95] 李爽. 基于格子 Boltzmann 方法液滴撞击固壁动力学行为研究[D]. 大连: 大连理工大学, 2007.

[96] 赵玉. 液滴撞击倾斜粗糙壁面的格子 Boltzmann 动力学研究[D]. 武汉: 华中科技大学, 2014.

[97] Mukherjee S, Abraham J. Investigations of drop impact on dry walls with a lattice-Boltzmann model[J]. Journal of Colloid and Interface Science, 2007, 312(2): 341-354.

[98] Ashoke Raman K, Jaiman R K, Lee T, et al. Dynamics of simultaneously impinging drops on a dry surface: Role of impact velocity and air inertia[J]. Journal of Colloid and Interface Science, 2017, 486: 265-276.

[99] Dalgamoni H N, Yong X. Axisymmetric lattice Boltzmann simulation of droplet impact on solid surfaces[J]. Physical Review E, 2018, 98(1): 13102.

[100] Li B, Li X, Chen M. Spreading and breakup of nanodroplet impinging on surface[J]. Physics of Fluids, 2017, 29(1): 12003.

[101] Shahmohammadi Beni M, Zhao J, Yu K N. Investigation of droplet behaviors for

spray cooling using level set method[J]. Annals of Nuclear Energy,2018,113 (Supplement C):162-170.

[102] 胡海豹,何强,余思潇,等. 低温光滑壁面上水滴撞击结冰行为[J]. 物理学报, 2016,65(10):104703.

[103] Yao Y,Li C,Tao Z,et al. Experimental and numerical study on the impact and freezing process of a water droplet on a cold surface[J]. Applied Thermal Engineering,2018,137:83-92.

[104] Jin Z,Zhang H,Yang Z. Experimental investigation of the impact and freezing processes of a water droplet on an ice surface[J]. International Journal of Heat and Mass Transfer,2017,109:716-724.

[105] Jin Z,Zhang H,Yang Z. The impact and freezing processes of a water droplet on a cold surface with different inclined angles[J]. International Journal of Heat and Mass Transfer,2016,103:886-893.

[106] Schremb M,Roisman I V,Jakirlic S,et al. Spreading and freezing of a droplet impacting onto an inclined cooled surface:Different outcomes for same conditions[C]. SAE 2015 International Conference on Icing of Aircraft,Engines, and Structures,Prague,Czech Republic,2015.

[107] Schremb M,Roisman I V,Tropea C. Different outcomes after inclined impacts of water drops on a cooled surface[C]. 13th Triennial International Conference on Liquid Atomization and Spray Systems,Tainan,2015.

[108] 范瑶,王宏,朱恂,等. 壁面曲率及过冷度对液滴铺展特性的影响[J]. 化工学报, 2016,(7):2709-2717.

[109] Mishchenko L,Hatton B,Bahadur V,et al. Design of ice-free nanostructured surfaces based on repulsion of impacting water droplets[J]. ACS Nano,2010, 4(12):7699-7707.

[110] 冷梦尧,常士楠,丁亮. 不同浸润性冷表面上水滴碰撞结冰的数值模拟[J]. 化工学报,2016,67(7):2784-2792.

[111] Xiong W,Cheng P. Numerical investigation of air entrapment in a molten droplet impacting and solidifying on a cold smooth substrate by 3D lattice Boltzmann method[J]. International Journal of Heat and Mass Transfer,2018,124: 1262-1274.

[112] Zhao J,Li X,Cheng P. Lattice Boltzmann simulation of a droplet impact and freezing on cold surfaces[J]. International Communications in Heat and Mass Transfer,2017,87:175-182.

[113] 董琪琪,胡海豹,陈少强,等. 水滴撞击结冰过程的分子动力学模拟[J]. 物理学报,2018(5):194-199.

[114] 何强. 固体壁面水滴撞击结冰行为研究[D]. 西安:西北工业大学,2016.

[115] Fumoto K,Kawanami T. Study on freezing characteristics of supercooled water

droplets impacting on solid surfaces[J]. Journal of Adhesion Science and Technology,2012,26(4-5):463.

[116] Yang G, Guo K, Li N. Freezing mechanism of supercooled water droplet impinging on metal surfaces[J]. International Journal of Refrigeration, 2011, 34(8):2007-2017.

[117] 李宁,杨国敏,郭开华.过冷水滴碰撞导线表面结冰机理的实验研究[J].制冷学报,2011,(5):37-41.

[118] 李海星,张辰,刘洪,等.大粒径过冷水滴碰撞-结冰收集率分布经验模型[J].科学技术与工程,2014(10):104-110.

[119] 李海星.SLD碰撞结冰机理实验研究[D].上海:上海交通大学,2013.

[120] Wang L, Kong W, Wang F, et al. Effect of nucleation time on freezing morphology and type of a water droplet impacting onto cold substrate[J]. International Journal of Heat and Mass Transfer,2019,130:831-842.

[121] Tropea C, Schremb M, Roisman I V. Physics of SLD impact and solidification [C]. 7th European Conference for Aeronautics and Aerospace Sciences, Milan, Italy,2017.

[122] Li H, Roisman I V, Tropea C. Impact of supercooled liquid drops onto cold solid substrates[J]. SAE Technical Paper,2015:2015-01-2101.

[123] Li H, Roisman I V, Tropea C. Influence of solidification on the impact of supercooled water drops onto cold surfaces[J]. Experiments in Fluids, 2015, 56(6):1-13.

[124] Mohammadi M, Tembely M, Dolatabadi A. Supercooled water droplet impacting superhydrophobic surfaces in the presence of cold air flow[J]. Applied Sciences, 2017,7(2):130.

[125] Blake J, Thompson D, Raps D, et al. Simulating the freezing of supercooled water droplets impacting a cooled substrate [J]. AIAA Journal, 2015, 53 (7): 1725-1739.

[126] Yao Y, Li C, Zhang H, et al. Modelling the impact, spreading and freezing of a water droplet on horizontal and inclined superhydrophobic cooled surfaces[J]. Applied Surface Science,2017,419:52-62.

[127] Schremb M, Roisman I V, Tropea C. Normal impact of supercooled water drops onto a smooth ice surface: experiments and modelling[J]. Journal of Fluid Mechanics,2018,835:1087-1107.

[128] Maitra T, Antonini C, Tiwari M K, et al. Supercooled water drops impacting superhydrophobic textures[J]. Langmuir,2014,30(36):10855-10861.

[129] Zhang R, Hao P, Zhang X, et al. Supercooled water droplet impact on superhydrophobic surfaces with various roughness and temperature [J]. International Journal of Heat and Mass Transfer,2018,122:395-402.

[130] 张瑞. 超疏水表面上液滴的碰撞和结冰特性[D]. 北京：清华大学,2018.

[131] Zhang C, Liu H. Effect of drop size on the impact thermodynamics for supercooled large droplet in aircraft icing [J]. Physics of Fluids, 2016, 28(6): 62107.

[132] Guraydin A D. Analysis of Bimetallic Adhesion and Interfacial Toughness of Kinetic Metallization Coatings [D]. California: California Polytechnic State University,2013.

[133] Yan Z,Zhao R,Duan F,et al. Two Phase Flow,Phase Change and Numerical Modeling[M]. Rijeka,Croatia: IntechOpen,2011.

[134] Shein K. Icing[J]. Professional Pilot,2014,10: 90-97.

[135] Messinger B L. Equilibrium temperature of an unheated icing surface as a function of air speed[J]. Journal of the Aeronautical Sciences,1953,20(1): 29-42.

[136] 杜雁霞,桂业伟,肖春华,等. 飞机结冰过程的液/固相变传热研究[J]. 航空动力学报,2009,24(8): 1824-1830.

[137] Brakel T W,Charpin J P F,Myers T G. One-dimensional ice growth due to incoming supercooled droplets impacting on a thin conducting substrate[J]. International Journal of Heat and Mass Transfer,2007,50(9-10): 1694-1705.

[138] Myers T G. Extension to the messinger model for aircraft icing[J]. AIAA Journal,2001,39(2): 211-218.

[139] Zhang X,Min J,Wu X. Model for aircraft icing with consideration of property-variable rime ice[J]. International Journal of Heat and Mass Transfer,2016,97: 185-190.

[140] Myers T G,Thompson C P. Modeling the flow of water on aircraft in icing conditions[J]. AIAA Journal,1998,36(6): 1010-1013.

[141] Myers T G, Hammond D W. Ice and water film growth from incoming supercooled droplets[J]. International Journal of Heat and Mass Transfer,1999, 42(12): 2233-2242.

[142] Anderson D N, Feo A. Ice-accretion scaling using water-film thickness parameters,NASA CR-2003-211826[R]. Ohio Aerospace Institute,Brook Park, Ohio,2003.

[143] Rothmayer A P. Scaling laws for water and ice layers on airfoils[C]. 41st AIAA Aerospace Sciences and Meeting,Reno,Nevada,2003.

[144] 杜雁霞,桂业伟,肖春华,等. 溢流条件下飞机结冰过程的传热特性研究[J]. 航空动力学报,2009,24(9): 1966-1971.

[145] Mirngiope G,Brandi V,Saporiti A. A 3D ice accretion simullation code[C]. 37st Aerospace Sciences and Meeting,Reno,Nevada,1999.

[146] Mingione G,Brandi V. Ice accretion prediction on multielement airfoils[J].

Journal of Aircraft,1998,35(2):240-246.

[147] Özgen S,Canibek M. Ice accretion simulation on multi-element airfoils using extended Messinger model[J]. Heat and Mass Transfer,2009,45(3):305-322.

[148] 常士楠,苏新明,邱义芬. 三维机翼结冰模拟[J]. 航空学报,2011,32(2):212-222.

[149] 常士楠,艾素霄,陈余,等. 一种飞机机翼表面结冰过程仿真方法[J]. 系统仿真学报,2008,20(10):2538-2541,2545.

[150] Cao Y,Ma C,Zhang Q,et al. Numerical simulation of ice accretions on an aircraft wing[J]. Aerospace Science and Technology,2012,23(1):296-304.

[151] 张强,曹义华,钟国. 飞机机翼表面霜冰的三维数值模拟[J]. 航空动力学报,2010(6):1303-1309.

[152] Wright W B. User manual for the NASA Glenn ice accretion code LEWICE version 2.2.2,NASA CR-2002-211793[R]. QSS Group,Inc. ,Cleveland,Ohio,2002.

[153] Bidwell C S,Potapczuk M G. Users manual for the NASA Lewis three-dimensional ice accretion code (LEWICE 3D),NASA TM-105974[R]. National Aeronautics and Space Administration,Lewis Research Center,Cleveland,Ohio,1993.

[154] Bourgault Y,Beaugendre H,Habashi W G. Development of a shallow-water icing model in FENSAP-ICE[J]. Journal of Aircraft,2000,37(4):640-646.

[155] Shin J,Bond T H. Results of an icing test on a NACA 0012 airfoil in the NASA Lewis Icing Research Tunnel,NASA TM-105374/AIAA-92-0647[R]. Lewis Research Center,Cleveland,Ohio,1992.

[156] Poinsatte P E,Vanfossen G J,Dewitt K J. Convective heat transfer measurements from a NACA 0012 airfoil in flight and in the NASA Lewis Icing Research Tunnel,NASA TM-102448/AIAA-90-0199[R],National Aeronautics and Space Administration,Lewis Research Center,Cleveland,Ohio,1989.

[157] Van Fossen G J,Simoneau R J,Olsen W A,et al. Heat transfer distributions around nominal ice accretion shapes formed on a cylinder in the NASA Lewis Icing Research Tunnel,NASA TM-83557[R]. National Aeronautics and Space Administratio,Lewis Research Center,Cleveland,Ohio,1984.

[158] 付斌. 机翼结冰数值计算与结冰模型研究[D]. 南京:南京航空航天大学,2011.

[159] 何舟东. 典型冰形结冰机理的数值模拟与试验研究[D]. 南京:南京航空航天大学,2009.

[160] Broeren A P,Addy H E,Lee S,et al. Validation of 3-D ice accretion measurement methodology for experimental aerodynamic simulation[C]. 6th AIAA Atmospheric and Space Environments Conference,Atlanta,GA,2014.

[161] 裘燮纲,韩风华. 飞机防冰系统[M]. 北京:国防工业出版社,2004.

[162] Emersic C,Connolly P J. Microscopic observations of riming on an ice surface

using high speed video[J]. Atmospheric Research,2017,185: 65-72.

[163] Buser O, Aufdermaur A N. The density of rime on cylinders[J]. Quarterly Journal of the Royal Meteorological Society,1973,99(420): 388-391.

[164] Coles W D. Experimental determination of thermal conductivity of low-density ice, NACA TN-3143 [R]. Lewis Flight Propulsion Laboratory, Cleveland, Ohio,1954.

[165] Macklin W C. The density and structure of ice formed by accretion[J]. Quarterly Journal of the Royal Meteorological Society,1962,88(375): 30-50.

[166] Pflaum J C, Pruppacher H R. A wind tunnel investigation of the growth of graupel initiated from frozen drops[J]. Journal of the Atmospheric Sciences, 1979,36(4): 680-689.

[167] Bain M, Gayet J F. Contribution to the modelling of the ice accretion process: Ice density variation with the impacted surface angle[J]. Annals of Glaciology, 1983,4: 19-23.

[168] Jones K F. The density of natural ice accretions related to nondimensional icing parameters[J]. Quarterly Journal of the Royal Meteorological Society, 1990, 116(492): 477-496.

[169] Rios M. Icing simulations using Jones' density formula for accreted ice[R]. 29th AIAA Aerospace Sciences Meeting,Reno,Nevada,1991.

[170] Lei G, Dong W, Zheng M, et al. Numerical investigation on heat transfer and melting process of ice with different porosities[J]. International Journal of Heat and Mass Transfer,2017,107: 934-944.

[171] Wright W B. Update to the NASA lewis ice accretion code LEWICE,NASA CR-195387[R]. NYMA,Inc. Engineering Services Division,Brook Park,Ohio,1994.

[172] Wright W B. Users manual for the improved NASA Lewis ice accretion code LEWICE 1. 6,NASA CR-198355[R]. HYMA,Inc. ,Brook Park,Ohio,1995.

[173] Blackmore R Z,Makkonen L,Lozowski E P. A new model of spongy icing from first principles[J]. Journal of Geophysical Research: Atmospheres, 2002, 107 (D21): 1-9.

[174] Blackmore R Z, Lozowski E P. A theoretical spongy spray icing model with surficial structure[J]. Atmospheric Research,1998,49(4): 267-288.

[175] Kong W,Liu H. Unified icing theory based on phase transition of supercooled water on a substrate[J]. International Journal of Heat and Mass Transfer,2018, 123: 896-910.

[176] 杨世铭,陶文铨. 传热学[M]. 4 版. 北京：高等教育出版社,2006.

[177] Incropera F P, Lavine A S, Dewitt D P. Fundamentals of Heat and Mass Transfer[M]. 7th ed. New York: John Wiley & Sons,2011.

[178] 王福军. 计算流体动力学分析——CFD 软件原理与应用[M]. 北京：清华大学

出版社,2004.

[179] Brackbill J U,Kothe D B,Zemach C. A continuum method for modeling surface tension[J]. Journal of Computational Physics,1992,100(2): 335-354.

[180] Voller V R, Prakash C. A fixed grid numerical modelling methodology for convection-diffusion mushy region phase-change problems [J]. International Journal of Heat and Mass Transfer,1987,30(8): 1709-1719.

[181] Gao L,Mccarthy T J. Contact angle hysteresis explained[J]. Langmuir,2006, 22(14): 6234-6237.

[182] Hoffman R L. A study of the advancing interface II. Theoretical Prediction of the Dynamic Contact Angle in Liquid-Gas Systems[J]. Journal of Colloid and Interface Science,1983,94(2): 470-486.

[183] Voinov O V. Hydrodynamics of wetting[J]. Fluid Dynamics, 1977, 11 (5): 714-721.

[184] Tanner L H. The spreading of silicone oil drops on horizontal surfaces[J]. Journal of Physics D: Applied Physics,1979,12(9): 1473.

[185] Jiang T,Soo-Gun O H,Slattery J C. Correlation for dynamic contact angle[J]. Journal of Colloid and Interface Science,1979,69(1): 74-77.

[186] Bracke M,De Voeght F,Joos P. The kinetics of wetting: the dynamic contact angle[J]. Progress in Colloid and Polymer Science,1989,79: 142-149.

[187] Seebergh J E,Berg J C. Dynamic wetting in the low capillary number regime[J]. Chemical Engineering Science,1992,47(17-18): 4455-4464.

[188] Blake T D, Bracke M, Shikhmurzaev Y D. Experimental evidence of nonlocal hydrodynamic influence on the dynamic contact angle[J]. Physics of Fluids, 1999,11(8): 1995-2007.

[189] Kelton K,Greer A L. Nucleation in Condensed Matter: Applications in Materials and Biology[M]. Amsterdam: Elsevier,2010.

[190] Murray B J, O'Sullivan D, Atkinson J D, et al. Ice nucleation by particles immersed in supercooled cloud droplets[J]. Chemical Society Reviews,2012, 41(19): 6519.

[191] Avrami M. Kinetics of phase change. II Transformation-time relations for random distribution of nuclei[J]. Journal of Chemical Physics, 1940, 8 (2): 212-224.

[192] Avrami M. Kinetics of phase change. I General theory[J]. Journal of Chemical Physics,1939,7(12): 1103-1112.

[193] Chu F,Wu X,Wang L. Dynamic melting of freezing droplets on ultraslippery superhydrophobic surfaces[J]. ACS Applied Materials & Interfaces,2017,9(9): 8420-8425.

[194] Wen M,Wang L,Zhang M, et al. Antifogging and Icing-Delay Properties of

Composite Micro- and Nanostructured Surfaces[J]. ACS Applied Materials & Interfaces,2014,6(6): 3963-3968.

[195] Sanz A. The crystallization of a molten sphere[J]. Journal of Crystal Growth, 1986,74(3): 642-655.

[196] Chatterjee J. Limiting conditions for applying the spherical section assumption in contact angle estimation[J]. Journal of Colloid and Interface Science, 2003, 259(1): 139-147.

[197] Adamson A W, Gast A P. Physical Chemistry of Surfaces[M]. 6th ed. New York: John Wiley & Sons,1997.

[198] Anderson D M,Davis S H. Fluid flow,heat transfer,and solidification near tri-junctions[J]. Journal of Crystal Growth,1994,142(1): 245-252.

[199] ANSYS FLUENT. User Guide Release 14. 0[R]. ANSYS Inc. ,Canonsburg, Pennsylvania,USA,2011.

[200] Vu T V. Deformation and breakup of a pendant drop with solidification[J]. International Journal of Heat and Mass Transfer,2018,122: 341-353.

[201] Vu T V. Fully resolved simulations of drop solidification under forced convection [J]. International Journal of Heat and Mass Transfer,2018,122: 252-263.

[202] Jiji L M. Heat Conduction[M]. 3rd ed. Berlin Heidelberg: Springer,2009.

[203] Gao X,Li R. Impact of a drop burst flow on a film flow cooling a hot surface[J]. International Journal of Heat and Mass Transfer,2018,126(B): 1193-1205.

[204] Yun S,Lim G. Ellipsoidal drop impact on a solid surface for rebound suppression [J]. Journal of Fluid Mechanics,2014,752: 266-281.

[205] Biance A,Clanet C,Quéré D. First steps in the spreading of a liquid droplet[J]. Physical Review E,2004,69(1): 16301.

[206] Huang H,Chen X. Energetic analysis of drop's maximum spreading on solid surface with low impact speed[J]. Physics of Fluids,2018,30(2): 22106.

[207] Vadillo D C,Soucemarianadin A,Delattre C,et al. Dynamic contact angle effects onto the maximum drop impact spreading on solid surfaces[J]. Physics of Fluids,2009,21(12): 122002.

[208] Zhang H,Jin Z,Jiao M, et al. Experimental investigation of the impact and freezing processes of a water droplet on different cold concave surfaces[J]. International Journal of Thermal Sciences,2018,132: 498-508.

[209] Ukiwe C,Kwok D Y. On the maximum spreading diameter of impacting droplets on well-prepared solid surfaces[J]. Langmuir,2005,21(2): 666-673.

[210] Versteeg H K, Malalasekera W. An Introduction to Computational Fluid Dynamics: The Finite Volume Method [M]. 2nd ed. Harlow: Pearson Education,2007.

[211] Jones K F. The density of natural ice accretions [C]. Fourth International

Conference on Atmospheric Icing of Structure,EDF,Paris,1988.

[212] Aichlmayr H T,Kulacki F A. The Effective Thermal Conductivity of Saturated Porous Media[J]. Advances in Heat Transfer,2006,39: 377-460.

[213] Schwerdtfeger P. The thermal properties of sea ice[J]. Journal of Glaciology, 1963,4(36): 789-807.

[214] Lowe P R. An approximating polynomial for the computation of saturation vapor pressure[J]. Journal of Applied Meteorology,1977,16(1): 100-103.

[215] Lienhard J H. A Heat Transfer Textbook[M]. 4th ed. Cambridge: Phlogiston Press,2012.

[216] Tsiklauri G V, Besfamiliny P V, Baryshev Y V. Experimental study of hydrodynamic processes for wavy water film in a cocurrent air flow[J]// Tsiklauri G V,Besfamiliny P V,Baryshev Y V. Two-Phase Momentum, Heat and Mass Transfer in Chemical, Process, and Energy Engineering Systems. Washington,DC: Hemipshere Publishing Corp. ,1979: 1,357-372.

[217] Cheremisinoff N P,Davis E J. Stratified turbulent-turbulent gas-liquid flow[J]. AIChE Journal,1979,25(1): 48-56.

[218] Haynes W M. CRC Handbook of Chemistry and Physics[M]. 95th ed. Boca Raton,Florida: CRC Press,2014.

[219] Speedy R J. Thermodynamic properties of supercooled water at 1 atm[J]. Journal of Physical Chemistry,1987,91(12): 3354-3358.

[220] Holten V, Sengers J V, Anisimov M A, et al. Thermal conductivity of supercooled water[J]. Physical Review E,2013,87(4): 42302.

[221] Hallett J. The temperature dependence of viscosity of supercooled water[J]. Proceedings of the Physical Society of London,1963,82(530): 1046.

[222] Vins V, Fransen M, Hykl J, et al. Surface tension of supercooled water determined by using a counterpressure capillary rise method[J]. The Journal of Physical Chemistry B,2015,119(17): 5567-5575.

在学期间发表的学术论文与研究成果

发表的学术论文

[1] **Zhang X**, Liu X, Min J C, Wu X M. Shape variation and unique tip formation of a sessile water droplet during freezing[J]. Applied Thermal Engineering, 2019, 147: 927-934. (SCI、EI 收录, IDS 号: HG4WC, EI: 20184506051909, IF=3.771)

[2] **Zhang X**, Liu X, Wu X M, Min J C. Experimental investigation and statistical analysis of icing nucleation characteristics of sessile water droplets [J]. Experimental Thermal and Fluid Science, 2018, 99: 26-34. (SCI、EI 收录, IDS 号: GV5MP, EI: 20183105624930, IF=3.204)

[3] **Zhang X**, Liu X, Wu X M, Min J C. Simulation and experiment on supercooled sessile water droplet freezing with special attention to supercooling and volume expansion effects[J]. International Journal of Heat and Mass Transfer, 2018, 127(A): 975-985. (SCI、EI 收录, IDS 号: GV3KY, EI: 20182905553761, IF=3.891)

[4] **Zhang X**, Wu X M. Time and frequency characteristics of pressure fluctuations during subcooled nucleate flow boiling[J]. Heat Transfer Engineering, 2018, 39(7-8): 642-653. (SCI、EI 收录, IDS 号: GB4MG, EI: 20172803935467, IF=1.216)

[5] **Zhang X**, Wu X M, Min J C, Liu X. Modelling of sessile water droplet shape evolution during freezing with consideration of supercooling effect[J]. Applied Thermal Engineering, 2017, 125: 644-651. (SCI、EI 收录, IDS 号: FG3BG, EI: 20172903951191, IF=3.771)

[6] **Zhang X**, Wu X M, Min J C. Freezing and melting of a sessile water droplet on a horizontal cold plate[J]. Experimental Thermal and Fluid Science, 2017, 88: 1-7. (SCI、EI 收录, IDS 号: FF8RN, EI: 20172103693818, IF=3.204)

[7] **Zhang X**, Wu X M, Min J C. Aircraft icing model considering both rime ice property variability and runback water effect[J]. International Journal of Heat and Mass Transfer, 2017, 104: 510-516. (SCI、EI 收录, IDS 号: EB8FR, EI: 20163702790294, IF=3.891)

[8] **Zhang X**, Min J C, Wu X M. Model for aircraft icing with consideration of property-variable rime ice[J]. International Journal of Heat and Mass Transfer, 2016, 97: 185-190. (SCI、EI 收录, IDS 号: DK0QI, EI: 20161002064881, IF=3.891)

［9］ 张旋,吴晓敏,闵敬春.冷壁上单个静止过冷液滴冻结过程的数值模拟[J].工程热物理学报,2018,39(1):159-164.(EI 收录,EI:20183905863439)

［10］ Zhang X,Wu X M,Min J C,Liu X. Impact of a supercooled water droplet on different temperature and contact angle cold plates[C]. 16th International Heat Transfer Conference,Beijing,China,2018,IHTC16-23531.

［11］ Zhang X,Wu X M,Min J C,Liu X. Shape variation of a sessile droplet during freezing[C]. 6th Asian Symposium on Computational Heat Transfer and Fluid Flow,Chennai,India,2017,ASCHT 2017-107.

［12］ Zhang X,Min J C,Wu X M. Effects of airflow parameters on aircraft icing characteristics[C]. 1st Asian Conference on Thermal Sciences,Jeju,Korea,2017,ACTS-P00285.

［13］ Zhang X,Liu X,Wu X M,Min J C. Numerical simulations of freezing process of a sessile supercooled water droplet using Eulerian method[C]. 9th International Symposium on Heat Transfer,Beijing,China,2016,ISHT9-K0370.

［14］ 张旋,闵敬春,吴晓敏.霜冰区对飞机结冰过程的影响[C].中国工程热物理学会传热传质学学术会议,大连,2015,No.153646.

［15］ 吴晓敏,张旋,赵然,朱禹.基于流型的水平微细光管内 R32 流动沸腾换热特性研究[C].中国工程热物理学会传热传质学学术会议,大连,2015,No.153198.

［16］ Chu F Q,Yuan Z P,Zhang X,Wu X M. Energy analysis of droplet jumping induced by multi-droplet coalescence: The influences of droplet number and droplet location[J]. International Journal of Heat and Mass Transfer,2018,121:315-320.(SCI,EI 收录,IDS 号:GC8GA,EI:20180204635643,IF=3.891)

［17］ Tang Y C,Min J C,Zhang X,Liu G L. Meniscus behaviors and capillary pressures in capillary channels having various cross-sectional geometries [J]. Chinese Journal of Chemical Engineering,2018,26(10):2014-2022.(SCI、EI 收录,IDS 号:HA1ON,EI:20182805530772,IF=1.712)

［18］ Chu F Q,Wu X M,Zhu B,Zhang X. Self-propelled droplet behavior during condensation on superhydrophobic surfaces [J]. Applied Physics Letters,2016,108(19):194103.(SCI,EI 收录,IDS 号:DN4HA,EI:20162202450260,IF=3.495)

［19］ 刘鑫,张旋,闵敬春.壁面静止水滴冻结过程形状变化[J].工程热物理学报,2020,41(3):704-708.(EI 源刊)

［20］ 褚福强,吴晓敏,张旋,朱毅.超疏水表面冷凝液滴行为与生长机制[J].工程热物理学报,2016,(7):1527-1531.(EI 收录,EI:20163102668231)

［21］ Liu X,Zhang X,Min J C. Simulation of droplet impact on a spherical surface[C]. APS March Meeting 2019,Boston,US,2019,G70.00399.

［22］ Liu X,Zhang X,Min J C,Wu X M. Experiment on droplet impacting on a spherical surface[C]. 15th International Conference on Flow Dynamics,Sendai,Japan,2018,OS18-89.

[23] Liu X, **Zhang X**, Min J C, Wu X M. Droplet spreading and oscillation on different Wettability surfaces at low Weber number[C]. 15th International Conference on Flow Dynamics, Sendai, Japan, 2018, OS18-88.

[24] Chu F Q, Wu X M, **Zhang X**. A theoretical model for the self-propelled droplet jumping phenomenon [C]. 9th International Symposium on Heat Transfer, Beijing, China, 2016, ISHT9-A0244.

[25] 吴晓敏,赵然,**张旋**. 微细通道中 R32 流动沸腾换热的数值模拟[C]. 中国工程热物理学会传热传质学学术会议,大连,2015,No. 153387.

致　　谢

　　光阴似箭,日月如梭,转眼在清华园里的生活已经敲响了倒计时的钟声,站在即将奔向社会大舞台的边缘,越发怀念校园生活的美好!园子里的一草一木、鸟语虫鸣,那些默默地传道授业的、和蔼可亲的老师们,那些曾经一起疯狂玩闹过的、阳光可爱的同学们,都将与五年的博士生活一起成为我记忆长河中的一颗闪亮之星。

　　衷心感谢我的导师吴晓敏教授,吴老师追求学术的严谨务实,处理事情的雷厉风行,教育学生的孜孜不倦,关心学生的无微不至,都深深地感染着我。同样感谢清华大学航天航空学院的闵敬春老师五年来对我的指导,至今犹记,闵老师耐心地与我讨论实验方案,仔细地帮我修改论文。在两位老师的帮助下,我慢慢找到博士生活的节奏,逐渐从一只科研小白成长起来。我的每一项科研成果无不是两位老师共同心血的结晶,他们在学术、生活上的处事原则和态度,亦将成为我未来为人处世的学习榜样。

　　感谢强化传热实验室与我朝夕相处的同门们,实验室良好的学术氛围和快乐的生活环境是我完成博士课题的重要因素。感谢师兄褚福强、马强、朱毅、朱禹、赵然,同窗朱贝,师弟李通、袁志平、高思航、胡志锋、丁思宇,师妹王伶俐在与我进行学术交流过程中带给我的启发,以及在生活讨论中给予我的鼓励,同样感谢闵敬春老师课题组的师兄汤一村,师姐刘桂玲,同窗张远、段江菲,师弟顾令东、沈志杰、王相钦,尤其感谢师妹刘鑫一直以来在科研、生活等方面对我的支持和关心,希望师妹在接下来的博士生活中仍然能够保持通宵达旦进行实验、随时随地开展讨论、加班加点撰写论文等优良的科研作风,每天开心快乐,早日毕业。大家在我五年博士生活中的友情出演,如同在预演一部片长五年的精彩电影,最后回放时让我热泪盈眶。

　　感谢能源与动力工程系,尤其是工程热物理所的姜培学老师、段远源老师、史琳老师、柯道友老师、李俊明老师、杨震老师、符泰然老师等对我的学术指点,感谢美丽的清华园为我创造的良好学习和生活环境。

　　感谢我的父母和妹妹,你们对我的爱和鼓励总是让我内心充满前进的力量,不畏前路漫漫,使我对未来充满希望。

　　本课题承蒙国家重点基础研究发展计划(No. 2015CB755800)的资助,特此感谢!